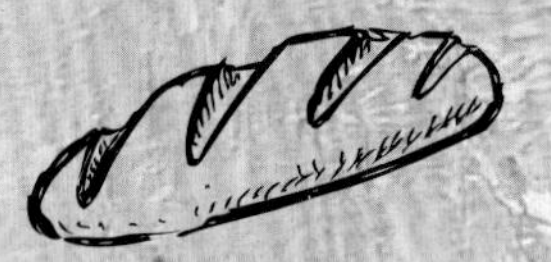

汉竹主编•健康爱家系列

Hello! 烤箱

薄灰 著

汉竹 主编

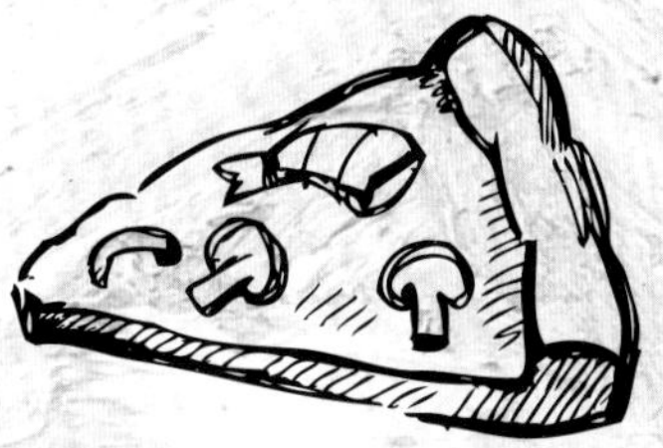

汉竹图书微博

http://weibo.com/hanzhutushu

江苏凤凰科学技术出版社

全国百佳图书出版单位

开启烤箱的奇妙之旅

小时候点心的品种并不多，我的妈妈经常带着我，拎着一篮鸡蛋来到家旁边的蛋糕店，让老板加工成蛋糕，我还记得那个大大的搅拌鸡蛋的打蛋器，很像现在大号的厨师机，看着老板倒面粉、油、糖进去，然后“神奇”得满屋都是香甜滋味，童年的我坐在那里看上一两个小时也不会觉得无聊。

从那时起，我就梦想长大要开一家甜点店，整天被蛋糕的香味包围，有数不清的美味饼干、蛋糕、巧克力和满满的甜蜜滋味。

慢慢地长大了，小时候的梦想并没有完全忘记。在我有了女儿之后，这个梦想终于开始付诸实现。之所以能实现，完全是因为一颗妈妈的心，就像我的妈妈小时候疼爱我那样，孩子总是抗拒不了香甜蛋糕的滋味，我也始终认为，没有小甜点的童年是不完整的。伴随着童年最美好记忆的，总是那些童年最爱吃的小点心。

如今市面上有花样繁多的蛋糕饼干，但是却失去了小时候那种天然的味道。再看一看饼干蛋糕包装袋上的成分表，你一定会被上面五花八门的添加剂吓到，防腐剂、人造奶油、起酥油、香精、牛奶香粉、精炼植物油、代可可脂、氢化植物油的添加让现在的食品闻起来越来越香，保存期也越来越久，离天然的味道却越来越远……

于是，当我的女儿可以食用磨牙棒的时候，我便搬回了第一台烤箱，还有电动打蛋器等工具，开始我的烘焙奇妙之旅。

记得我为女儿做的第一款饼干是无油的手指饼干，这款饼干很适合让孩子抓在手中代替市售的磨牙棒。材料是鸡蛋、糖、面粉，小姑娘吃得很开心，现在，我的女儿总是会得意地对别的小朋友说："我妈妈是大厨师，什么都会做。"我相信在她的心里，妈妈真的是无所不能的，因为蛋糕、饼干、面包、比萨我全部能搞定，虽然比不了专业的烘焙师，但是满足一家人的味蕾已经绰绰有余了。

相信我，烤箱就是一段奇妙之旅的开头，它可以变化出无数美味，就像变魔术一样神奇。

薄荷（[illegible]）

第一章 超简单烤箱美食

第二章 孩子最爱吃的小零食

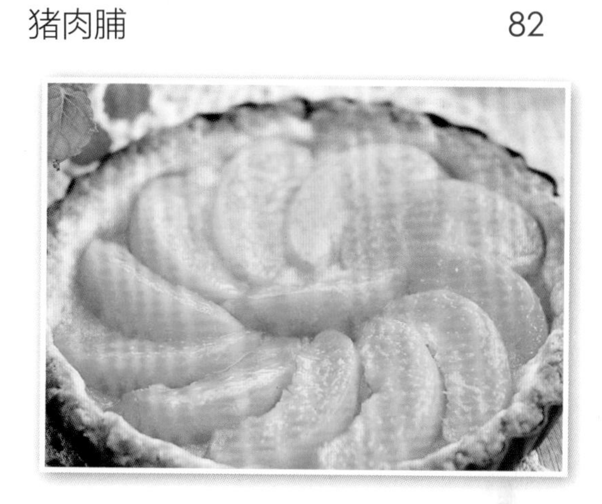

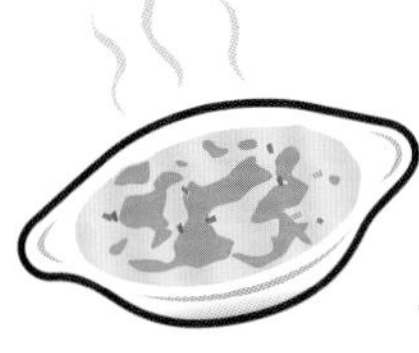

第三章 绝对拿得出手的宴客菜

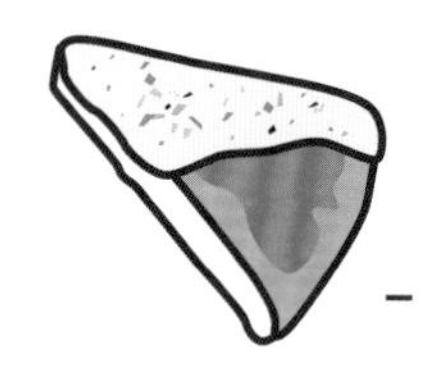

第四章 周末郊游美食

第五章　解馋的佐餐甜品

烤箱美食索引

烤箱的功能和操作方法

烤箱已经走进了越来越多的家庭中，是烘焙不可缺少的重要工具。想要做出好吃的点心和美味的烤箱菜，一台好用的烤箱是第一步。经常有朋友会问家里的微波炉烧烤功能可以代替烤箱吗？答案是否定的，烤箱和微波炉的加热原理完全不同，没办法代替。

如何选择烤箱

本书中所使用的烤箱为海氏HO-F5，容积为46升。现在市面上有好几种烤箱品牌，选购时需要注意几点：

1 上下发热管。一定要拥有上下两组发热管，并且可以单独开上管加热或者单开下管加热，烤箱的温度在100～250℃间调节，能具有定时功能。

2 容积不低于30升。普通家用台式烤箱，容量从9~60升的都有，我的建议是买30升及以上的，太小的烤箱不实用，也不方便，会限制烘烤点心的范围。烤箱内部至少分为3层以上为宜。

3 在烤箱品牌的选择方面，选择大品牌的正规厂家，质量过硬，并且售后服务良好，可以免去很多后顾之忧。

烤箱使用知多少

用前须知

1 第1次使用烤箱前，先用温水清洁烤架和烤盘，用柔软湿布擦拭烤箱内部，等待完全干燥后再使用。

2 将烤箱放置在隔热的水平桌面上使用，周围应预留足够的空间，保证烤箱表面到其他物品至少10厘米的距离，烤箱顶部不要放置任何物品。

3 第1次使用时，需先将温度调到最高，预热5分钟。油烟会比较大，不用担心。在初次使用时会闻到异味，也是正常的。因为在发热管上涂有一层防止发热管在运输过程中受盐蚀的保护膜。

注意事项

1 预热。烤箱每次使用的时候一定要预热。方法是将烤箱接通电源，先调到配方要求的温度，不要放食物，让烤箱空烤一会。

那么如何判断预热完毕呢？国内烤箱大多没有预热指示灯，可以观察下加热管，当加热管由红色转为黑色时就预热好了，一般为5~10分钟。这样食物在进入烤箱烘烤时，烤箱里已经达到所需的温度。如果不经过预热，直接把食物放进去烤，食物会面临受热不均、水分流失、表面容易烤焦等问题，影响品质。

2 温度。如果配方里要求上管和下管温度不同，那么对于不能分开控温的烤箱，可以取平均值，例如“烤箱中层，上管180℃，下管200℃”，我们可以取它的平均值，即上下管190℃加热，并把烤盘放在靠下一层。

国内的家用烤箱温度比不上工业烤箱，所以温度可能做不到完全精准。也许会偏高或者偏低，掌握不了自家烤箱脾气的话，可以购买一个烤箱温度计，将温度计放在食物同层来观察烤箱温度。或者根据经验来调整，比如配方要求 180℃烤 15 分钟，那么在 15 分钟后，食物应该是正好烤好了，如果发现饼干糊了或者中途就已经达到上色标准了，那么说明烤箱温度过高，下次使用时可以降低些温度来烤。

3 食物摆放位置。一般烤箱内部空间至少有3层，矮小扁平的食物，大多放在中层，像戚风蛋糕、吐司这样比较高的食物，要放在下层，不管烤什么，都应该保证食物的最高处和最低处距离上下发热管位置基本一致，这样食物才会受热均匀。掌握了这一点，不用看配方，也可以轻松掌握食物应该摆放在哪一层烘烤了。

如果碰到烤箱上色不均的情况，可以试试这几个方法，比如在烤到中途的时候将烤盘取出，换个方向再放进去，或者将烤盘里的食物换个位置。在上色过快的食物表面盖一层锡纸，也可以很好地调整食物的上色情况。不过要小心烫哦。

烤不同食物的建议温度

高温区：210~250℃ 一般用于烤肉类。

中高温区：180~210℃ 最常用到的温区，一般用于烤面包、海鲜等食物。

中温区：170~180℃ 常用烤饼干、蛋糕等。

中低温区：150~170℃ 用于烤芝士蛋糕等。

低温区：40~80℃ 用于烘干食物。

30~40℃ 用于面团发酵。

使用中的技巧

1 外置式电烤箱在工作时，表面温度很高，如需触碰或移动电烤箱，请使用厚的烘焙专用手套。

2 请使用专业耐高温的器皿，不能随便使用普通的玻璃或陶瓷盘子以及盖子。

3 从烤箱取食物时，一定要用烤箱专用手套，以防烫伤。

4 做烤箱菜的时候，通常需要把烤箱预热到指定温度，然后再把食材放进烤箱。而所谓的预热，就是指开启烤箱，让其空转到指定温度。

清洁保养

1 每次使用完后，一定要做好清洁工作。否则，积攒了很厚的油烟以后再清洁，不仅很难去除，而且也影响烤制效果。清洁烤箱时，请先拔掉插头，并等待烤箱完全冷却后再进行。

2 用中性清洗剂清洗包括烤架和烤盘在内的所有附件。

3 不要使用尖锐的清洁工具，以免损伤烤盘的不粘涂层。

4 用浸过清洁剂的柔软湿布清洁箱门表面。

5 加热管一般不进行清洗。但如果上面沾了油污，会在加热时散发出异味，所以如果加热管上有油污，请使用柔软的湿布擦洗干净。

烤箱美食不败利器：16 种必备工具

面包机

做面包的面团需要揉至扩展阶段即可拉出大片的薄膜，新手没经验的话，手工揉面大约需要 1 小时，用面包机或厨师机就方便得多。建议购买可以自定义和面、发酵的面包机，可以制作更多的花式面包，也更有乐趣。

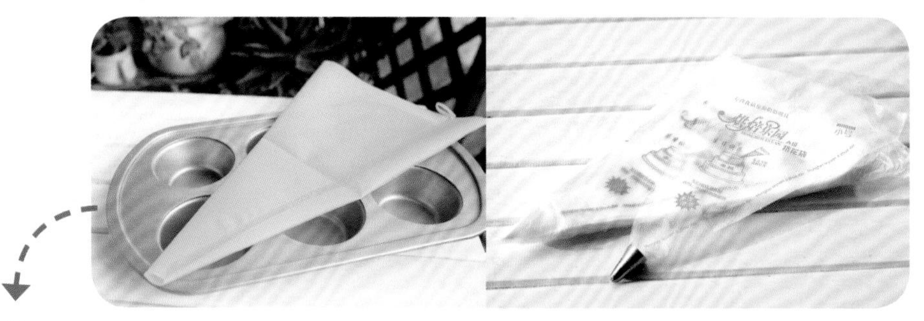

裱花嘴、裱花袋

可以用来做奶油蛋糕上的裱花。做一些花形饼干、曲奇，做泡芙的时候也会用到。还可以用它们来挤出花色面糊。不同的裱花嘴可以挤出不同的花型，可以根据需要购买单个的裱花嘴，也可以购买一整套。

裱花袋的材质有一次性塑料的、硅胶的、布的，其中硅胶的和布的可以反复使用，而且做曲奇不建议用一次性裱花袋，容易挤破。

脱模刀

烤好的戚风蛋糕，使用脱模刀可以很轻松地脱模，建议选购。有经验了也可以将蛋糕放凉后，慢慢将蛋糕掰离下来，也称徒手脱模。

硅胶垫

做面食时用来整形的垫子，中式面点和西式烘焙都会经常用到，和木质案板比起来，硅胶垫的不粘性能好，并且不容易滋生细菌。

硅胶刮刀

用来翻拌蛋糕糊和饼干面糊等，是经常需要使用到的工具，因为它有些软，所以可以贴合盆壁，更好地刮下盆里的蛋糕糊不至于浪费。建议购买一体式的，这样刮刀头不易脱落，并且不容易滋生细菌。

油纸、锡纸、保鲜膜

油纸用来做烤盘与食物之间的垫纸，可以起到垫在烤盘上防粘的效果，并且省去清洗的麻烦，热爱烘焙者必备。也可以选择可以反复使用的高温油布，每次使用完清洗下即可。

锡纸可以在烤肉的时候包裹食物，防止水分流失。在烘烤过程中，在食物表面加盖一层锡纸可以起到防止过度上色的作用。也可以在烤肉类食物时，垫在烤盘里接滴下来的油脂，省去清洗烤盘的步骤。需要注意的是，要用锡纸的亚光面接触食物。

保鲜膜就不多说了，做面包时覆盖面团可以防止面团表皮风干。

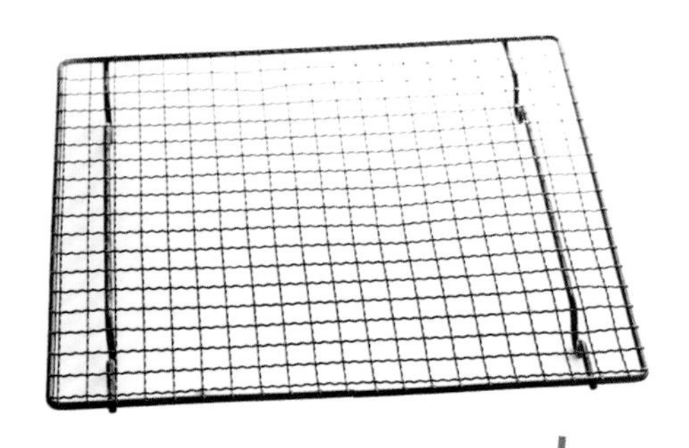

晾网

烤好的点心放在晾网上，透气性更好，可以避免食物底部不透气。

手动打蛋器

打发少量的黄油时，用手动打蛋器会更方便，还有混合面糊时也会经常用到，手动和电动打蛋器都是必备。

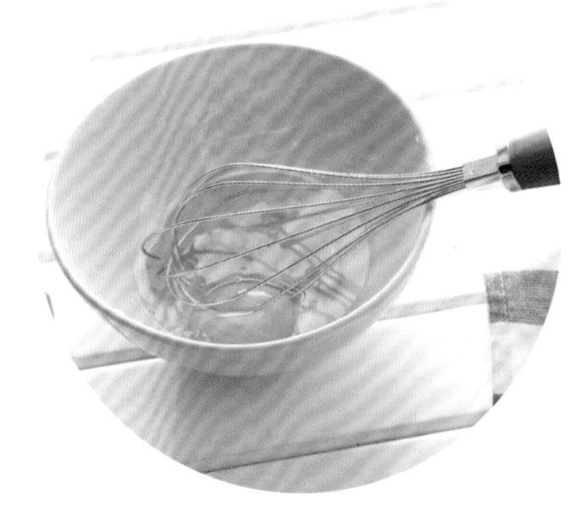

面粉筛

用来过筛面粉或者其他粉类、液体原料。可以让面粉更加膨松，有利于搅拌，口感更细腻。

目前有几种面粉筛，还有手持式的，都可以，看个人喜欢了。

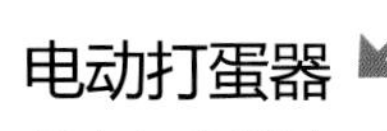

电动打蛋器

用来打发蛋清、奶油，量多的黄油也可以用电动打蛋器来操作。

羊毛刷

可以用来刷烤翅上的蜂蜜，还有做面包等其他点心时在表层刷蛋液，也可以购买硅胶的刷子。

奶油抹刀

制作裱花蛋糕的时候，用来抹平蛋糕上的淡奶油。

烤箱温度计

新买的烤箱都宜先用烤箱温度计测量下温度是否准确。

电子秤、量勺、酵母量杯、锯齿刀、塑料刮板

刮板可以将案板上的面团很轻松地铲下来，也可以用来切割面团，移动面团到烤盘上。

烘焙不比中餐，所需材料都有一定的比例，新手没经验，最好严格按照配方分量操作。所以能称分量的量勺和秤是必须要有的。

酵母分量少，如果电子秤精确度不高的话，备个酵母量杯很方便。

锯齿刀用来切蛋糕和面包很好用，不像普通的平口刀会给食物带来压力。

蛋糕纸杯

用来制作麦芬蛋糕或其他纸杯蛋糕的用具，购买时注意是否能单独使用，还是需要配模具使用的。

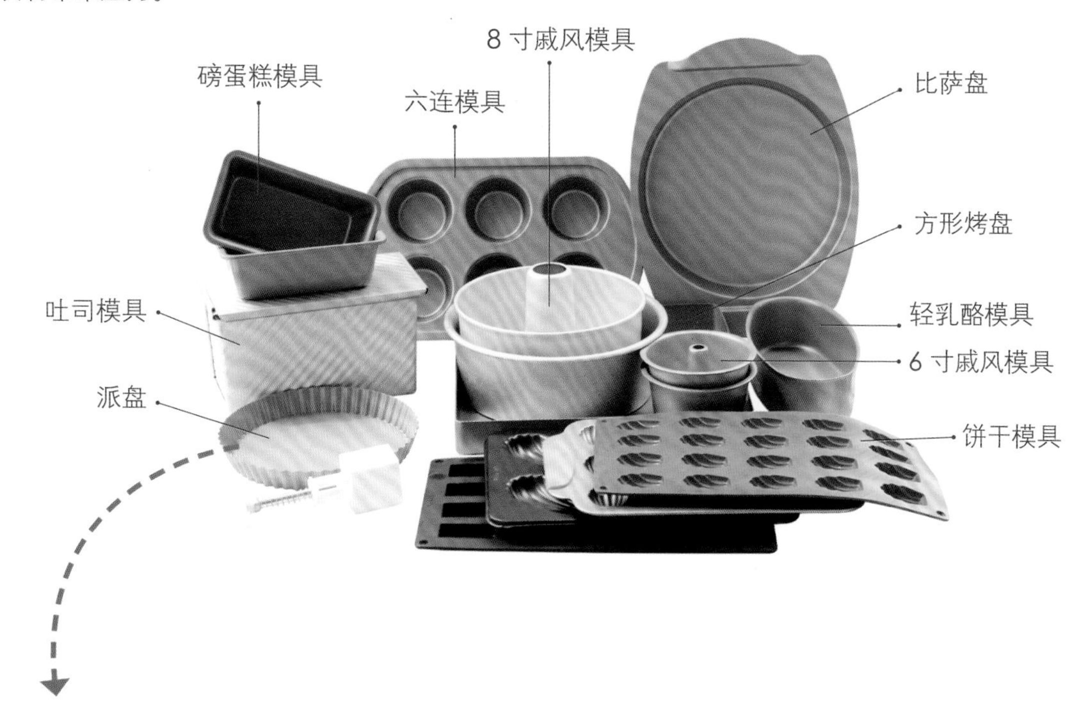

烘焙模具

烘焙的模具非常多，光是各种蛋糕、饼干、面包、慕斯、派盘、比萨盘这些模具就让人眼花缭乱了。其实很多模具只是造型上的不同，大多都是可以通用的。比如慕斯圈就可以用戚风蛋糕模具来代替，椭圆形的轻乳酪蛋糕也可以用戚风蛋糕模具。有很多点心，如果你不常做的话，可以不用购买相应模具。当然如果你是模具控，那就当我没说啦。

我的建议是新手不需要一次性选购太多模具，等上手了，再根据自己喜欢的东西慢慢添加模具，以避免模具在家睡大觉。

烘焙必须掌握的技巧

面包揉面的技巧

揉面就是混合材料后将面团糅合，通过反复地揉面，强化面团内部的蛋白质，使面粉内的麸质组织得以强化，形成网状结构。这个网状结构就被称作麸质网状结构薄膜，俗称“出膜”。

揉面添加材料顺序：

面包机的自带食谱上会标注先放湿性材料，再放干性材料，最后放酵母，这是启用“预约”功能的添加方式，防止酵母提前溶于水中而影响发酵。但如果是现做面包，不管先放哪种材料都可以。

一般1个和面程序结束后，检查面团，可以拉出较厚的薄膜。这个时候可以加入软化的黄油。每款机器的和面功率不同，所以如果1个和面程序达不到要求，可以延长和面时间（黄油需要提前从冰箱取出，放到用手指能轻易捏动的状态，这就是软化的黄油。如果时间来不及，可以将黄油切成碎屑状，这样可以更快地软化，从而添加使用）。

加入软化黄油后，再次启动和面程序，和面结束后再取1小块面团检视，能拉出更薄并且不容易破的膜，将薄膜捅破，破洞边缘光滑，就是揉到了完全阶段。这种状态可以制作一般的吐司面包。

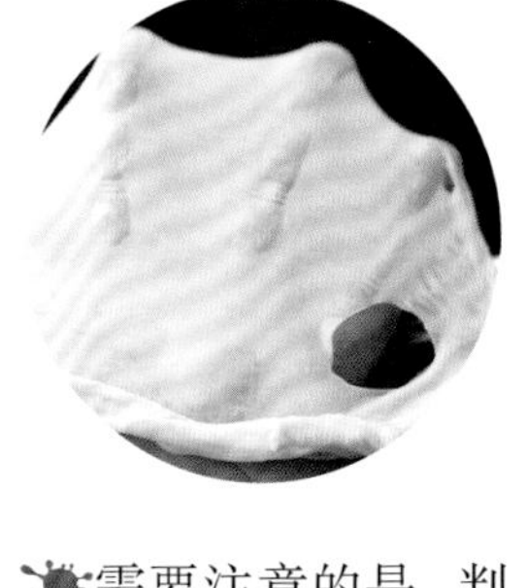

需要注意的是，判断“膜”是否达到吐司制作的标准，不需要以是否能套在手套上形成“手套膜”为标准，而是一定要做到“薄、不易破、破洞边缘光滑”。

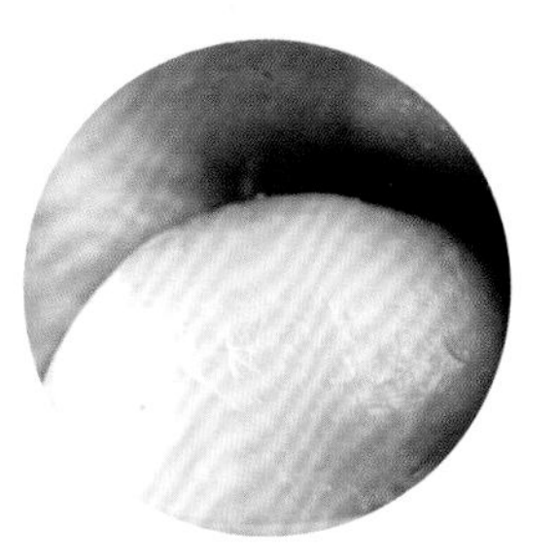

不同的面粉吸水性都有差异，所以每次添加液体时可以留10克酌情添加。合理的面团应该是不粘手的，并且揉好后光滑、细致、有弹性，面团盈润有光泽。

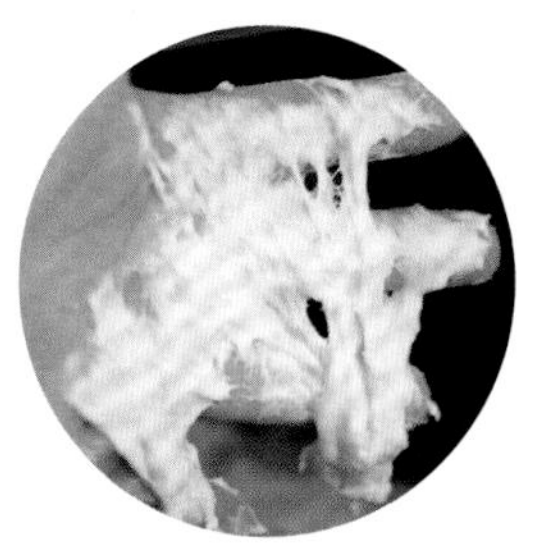

水分过多的面团则会粘手，出现这种情况时，在刚开始启动和面时要注意观察，一旦水分过多，可以及时添加面粉。

注意事项

①面粉要用高筋面粉。

②水分比例要恰当。

③盐不可少。盐可以使麸质网状结构薄膜变得更有弹性，也会让面包的口感更筋道。

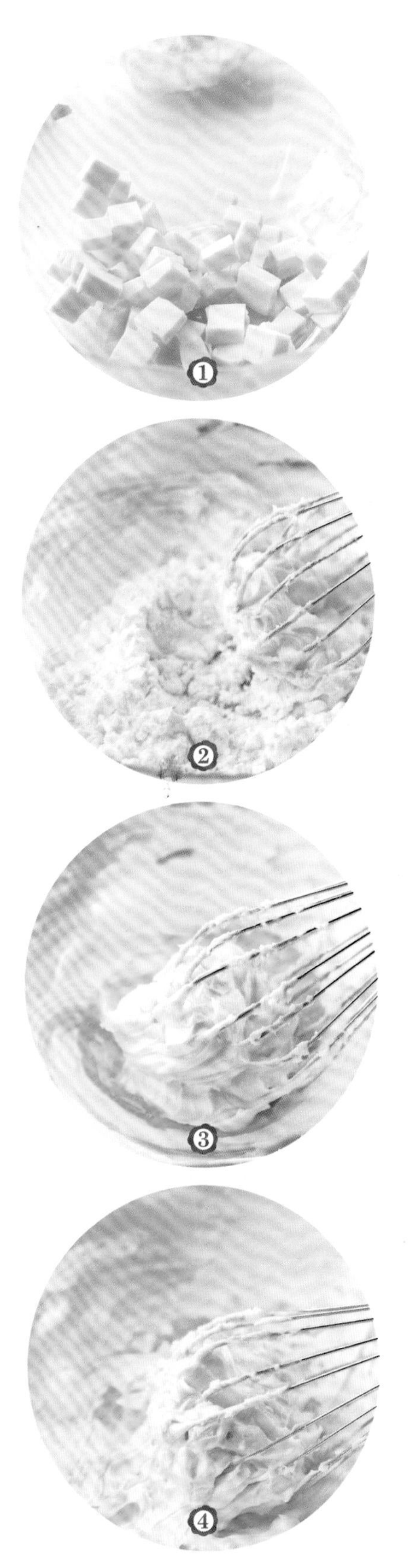

打发黄油的技巧

需要用到黄油的点心太多了，而打发黄油也是很重要的一个制作要点。

打发黄油的过程，其实就是打入空气的过程，打好的黄油内部充满了无数的小气孔，可以起到类似膨松剂的作用。这样蓬松的黄油可以钻入面粉的各个角落，让口感香味均衡。而太硬的黄油、融化的黄油都不可能将空气打入其中。

1 打发前首先要确认黄油是否在最佳状态，即“软化”状。首先要将黄油从冰箱取出，称出所需要的分量，然后在室温下慢慢回软，千万不可以心急而直接加热成液态，除非配方里需要将黄油融化，否则，软化的黄油才有助于打发的效果。软化到我们用手指轻轻一按，就有个洞，那么就可以开始打发了。

2 软化好的黄油，加入细砂糖或糖粉，用打蛋器(量多的话，比如有200克的黄油，用电动打蛋器比较方便100克以内的用手动打蛋器即可)，打到糖溶化，这个时候的黄油颜色变浅，体积变大，较顺滑。

3 接下来就是加入蛋黄液。这个步骤中一定注意至少要分三四次慢慢地加入蛋液，每次打发时都要等到黄油和蛋液完全融合后再加下1次。否则，很有可能出现油水分离状态。一旦油水分离了，成品的口感就会大打折扣。

4 打发好的黄油，很顺滑。

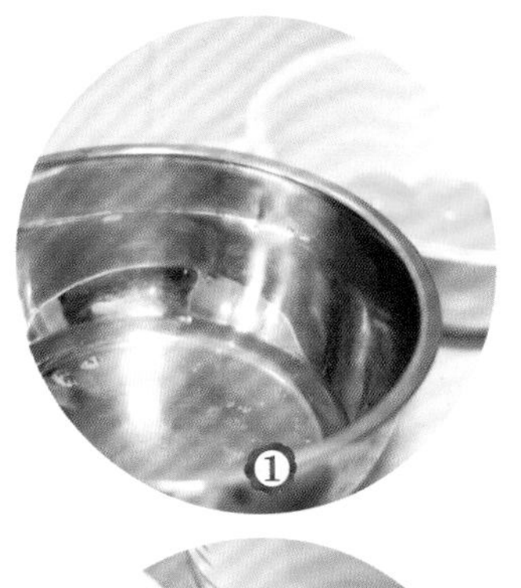

打发蛋清的技巧

戚风是烘焙初学者基本都会尝试的一款点心，刚开始的时候，做戚风总会有失败，而很大原因都出在蛋清打发的失败上。打得过硬或者不到位都有可能导致失败，而蛋清打发到恰到好处了，那么就事半功倍了。

1 将蛋清和蛋黄分离，盛放蛋清的盆要保证无油无水，最好使用不锈钢盆。

2 用打蛋器把蛋清打到呈粗泡状的时候，加入 1/3 的细砂糖。

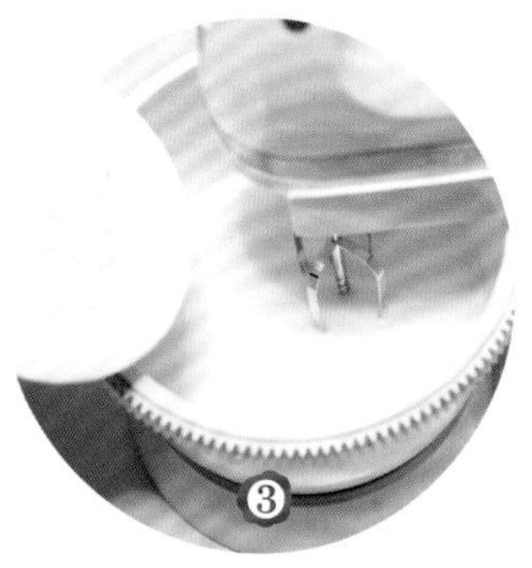

3 继续搅打到蛋清开始变浓稠，呈较粗泡沫时，再加入 1/3 的糖，再继续搅打。打到蛋清比较浓稠，表面出现纹路的时候，加入剩下的 1/3 的糖。

4 再继续打一会儿，当提起打蛋器，蛋清能拉出弯曲的尖角时，表示已经到了湿性发泡的程度。如果是做蛋糕卷或轻乳酪蛋糕，蛋清打发到这个程度就可以了。

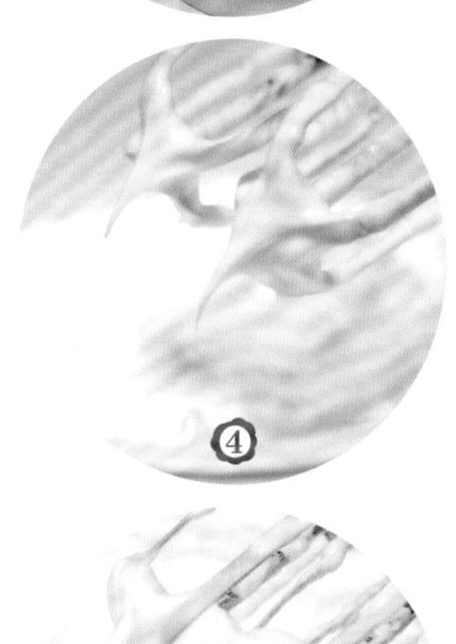

5 当提起打蛋器的时候，蛋清能拉出 1 个短小直立的尖角，就表明达到了干性发泡的状态，可以用来制作戚风蛋糕了。

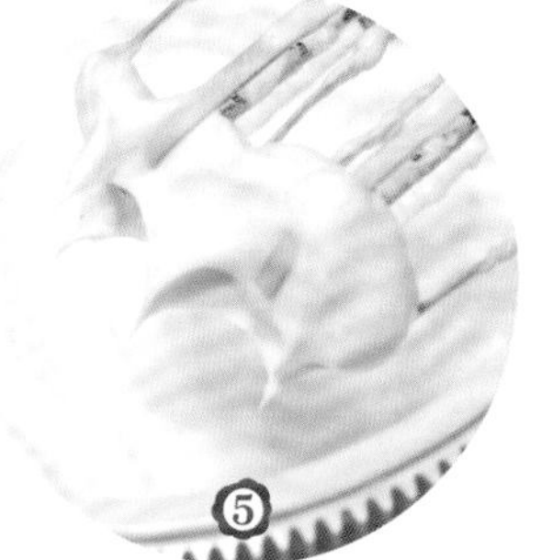

注意事项

蛋清一定要打发到位，如果打发的蛋清里含有大量泡泡，烤制时就会膨胀破裂，所以蛋清打发时一定不能过，7 分湿性发泡就行。这里所谓的湿性发泡状态是指有纹路、表面细腻光滑，提起打蛋器，发泡有弹性、挺立，但是尾端是弯曲状的状态，即图 4 状态。

打发淡奶油的技巧

奶油分为植脂奶油和动物性淡奶油，前者是很多蛋糕房的首选，便宜而且不用加糖，打发和裱花性能很稳定，不会受温度影响而融化，看起来很好，但是最致命的硬伤是它含有人工香精、氢化植物油等对健康不利的成分，属于人造奶油。

动物性淡奶油的缺点是没有植脂奶油那么好打发，受热后很容易融化，但它是天然的乳脂奶油，奶味纯正，这是植脂奶油所无法比拟的。

准备工作：淡奶油打发前需要在冰箱冷藏12小时以上，天气热的时候，再准备一些冰块，最好将打蛋盆、打蛋棒也一并冷藏后使用，这样温度足够低，打好的奶油不容易融化。

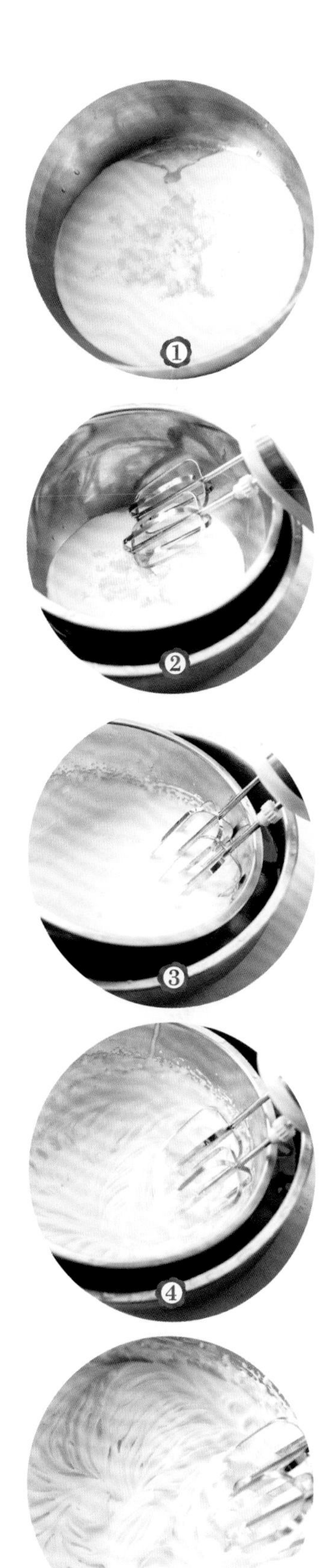

1 奶油倒入盆中，坐入放有冰水的另外一个盆里。加入糖，一般100克奶油加10克糖，如果是植脂奶油则不需要加糖。

2 用电动打蛋器搅打奶油。

3 搅打一会儿后，奶油变成稠厚，体积开始慢慢增大。

4 继续搅打之后，奶油会显得更稠厚，并且开始出现纹路。

5 当搅打到出现清晰、硬挺的纹路，并且奶油在盆中不会流动时，就打好了。打好后的奶油体积明显膨大很多。提起打蛋器，可以看见打蛋棒上还会出现硬挺的小尖角。这时就可以裱花了。如果出现豆腐渣样，那么就是打发过头了。

注意事项

天气炎热时，打好的奶油很容易融化，所以一定要保证低温，除了隔冰水打发外，最好能在开足了冷气的空调房里操作。打好的奶油尽快使用，做好的奶油蛋糕要放入冰箱冷藏室保存。

烤红薯

烤板栗

蓝莓奶油松饼

麻薯

杏仁费南雪

烤腰果

牛油果烤蛋

黄油蒜砖

大理石磅蛋糕

烤玉米

第一章

超简单烤箱美食

迷迭香烤马铃薯

奶香椰蓉球

约克夏布丁

烤韭菜

大理石磅蛋糕

分量 ×2

做大理石磅蛋糕时可以加些干果和坚果，冷藏后食用风味更佳。

模具：

水果条模具2个

尺寸：长13.7厘米，宽8厘米，高4厘米

准备好：

黄油、全蛋液、低筋面粉各100克，糖55克，泡打粉1/2小匙①，小苏打粉1/8小匙，无糖可可粉10克

这样做：

1 将黄油室温下放置软化状态，加入糖，用手动打蛋器搅打均匀。

2 分4次加入全蛋液搅打均匀，每次加蛋液时都要打至蛋液完全被吸收，黄油呈顺滑状态才能加下1次蛋液。

3 蛋液加完，黄油打起来很顺滑。

4 筛入低筋面粉和泡打粉。

5 用橡皮刮刀翻拌均匀，不需要过度翻拌，没有干粉状即可。

6 取150克黄油面糊，加入可可粉和小苏打粉。

7 翻拌均匀。

8 模具中抹上黄油，筛上薄薄一层低筋面粉，再将原味黄油面糊倒入模具中。

9 再倒入可可黄油面糊，稍微翻拌一下，使上下两色面糊稍混合呈大理石状。

10 烤箱预热，上火180℃，下火190℃，中层烘烤30分钟左右。

灰灰小贴士

①可可粉可以换成抹茶粉，还可以添加一些蔓越莓、葡萄干等干果和坚果。

②如果烤箱不能调上下火，可以用平均值来烤。

注①：书中所提，1汤匙大约15克；1大匙约为20克；1茶匙约5克；1小匙约5毫升，全书同。

黄油蒜砖

分量 ×12

准备好：

白吐司适量，蒜瓣 15 克，无盐黄油 40 克，盐、欧芹碎各少许

这样做：

1 白吐司切成厚块备用。

2 蒜瓣碾成蒜泥备用。

3 将黄油室温下放至软化，用手动打蛋器搅打顺滑。

4 加入蒜泥、盐和欧芹碎。

5 搅拌均匀。

6 用毛刷给吐司块四周涂抹上蒜蓉黄油。

7 放入预热好的烤箱，用 180℃烘烤约 10分钟至表面金黄即可。

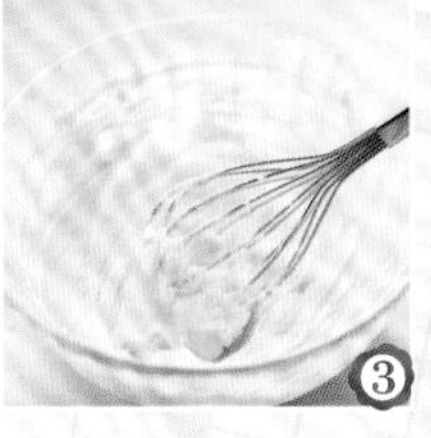

灰灰小贴士

①烤的时候注意看着，别烤过头了，只要烤到表面泛金黄色，外脆里软即可，趁热吃香极了。

②第 2 天吃的话，将蒜砖放入烤箱，用低温 150℃烘烤至热即可。

③喜欢吃甜口的话，将吐司切成条状或厚块，刷上一层融化的黄油，再撒上少许粗砂糖即可。

灰灰小贴士

①不能烤得时间太长，否则板栗会发干，不好吃了。

②趁热吃才是最佳哦。

烤板栗

准备好：

板栗500克，蜂蜜、植物油、糖各1汤匙，凉开水2汤匙

这样做：

1 准备所需材料。板栗用清水洗净后，用小刀在背部划个口，然后转90°再划1次，形成个十字形。

2 烤盘中铺上锡纸，将板栗放入烤盘，倒入植物油拌匀。蜂蜜、白糖和凉开水一同放在小碗里，做成蜂蜜糖水。

3 烤箱200℃预热好后，将烤盘放在中层，烤10分钟取出，用小刷子在板栗上刷一层蜂蜜糖水，然后再继续烤10分钟，再刷一层蜂蜜糖水，再烤10分钟即可。

①

③

②

烤红薯

灰灰小贴士

①红薯的品种可根据个人喜好来选择。

②烤的时间根据自家烤箱和红薯的大小适当延长或缩短时间。

准备好：

红薯 3 个

这样做：

1 红薯洗净备用。

2 烤盘里铺上锡纸，放上红薯。

3 烤箱上下火200℃，将红薯连同烤盘一起放在中层，烤约 50分钟即可。

①

③

②

烤韭菜

灰灰小贴士

焯蔬菜时水里放点盐，再滴几滴植物油，可以保持蔬菜翠绿的色泽。韭菜很容易熟，因此入开水锅中烫一下要立即捞出过凉。

准备好：

韭菜一把，盐、孜然粉、辣椒粉、胡椒粉、植物油各适量，竹签几根

这样做：

1 韭菜洗净，晾干。

2 锅中水烧开，放少许盐，再滴几滴油，把洗净的韭菜放入锅中，烫一下立即捞出过凉。

3 沥干水分，把两三根韭菜理顺，排在一起，卷起来用竹签串起来。

4 韭菜卷先刷上一层油，再撒上盐、胡椒粉、孜然粉、辣椒粉，烤箱180℃预热，放在中层烤3分钟即可。

烤腰果

灰灰小贴士

烤的最后几分钟多查看一下，防止腰果烤煳。

准备好：

生腰果 250 克，植物油 5 毫升，盐适量

这样做：

1 将生腰果冲洗一下，晾干。

2 放入大碗，加入植物油和盐拌匀。

3 烤箱预热 170℃，放在中层烤约 10分钟，至腰果局部呈现金黄色。

4 取出晾凉即可。

烤玉米

灰灰小贴士

①可以用甜玉米来代替糯玉米，根据自己的喜好来购买。

②黄油也可以用植物油来代替，但是会少了一些黄油的奶香味。

准备好：

糯玉米 2 个，黄油、蜂蜜各 15 克

这样做：

1 准备所需材料，将玉米洗干净，放入锅中加水煮熟，沥干水分。

2 将玉米放在烤网上，均匀地刷一层融化的黄油。

3 将放有玉米的烤网插入烤箱中层，下面一层再插入铺有锡纸的烤盘，用来接烘烤时滴出的汁水。

4 烤箱 230℃预热 5分钟，上下火，烤约 15分钟，取出刷一层蜂蜜，继续烤 5分钟左右即可。

迷迭香烤马铃薯

灰灰小贴士

马铃薯也可以不煮直接烤，烤时酌情延长烤制时间。

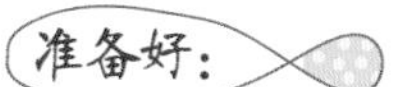

准备好：

马铃薯、鲜迷迭香、黑胡椒、橄榄油、盐各适量

这样做：

1 马铃薯洗净后放入锅中，水开后煮约 5分钟至半熟状态后捞出。

2 将马铃薯切成块，加适量橄榄油、黑胡椒和盐。

3 再加入鲜迷迭香，将马铃薯与橄榄油、黑胡椒、盐、迷迭香拌匀。

4 烤盘中铺锡纸，马铃薯放入烤盘中。放入烤箱 220℃烤约30分钟，土豆烤至金黄色即可。

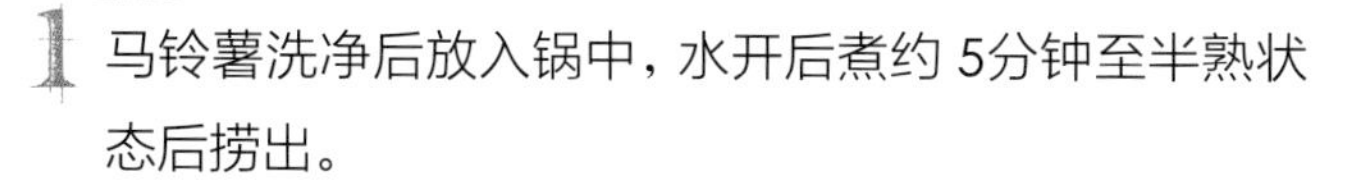

蓝莓奶油松饼

分量 ×16

这款松饼，虽然不甜，但是很有奶香味，刚出烤箱时外脆内软，搭配果酱吃是很好的选择，而且没有添加黄油，烘焙新手绝对可以轻松搞定。

准备好：

低筋面粉 240 克，淡奶油 190 克，糖 20 克，蓝莓果干 50 克，泡打粉 8 克，盐 3 克

这样做：

1 将低筋面粉、泡打粉、盐、糖混合均匀。

2 倒入淡奶油。

3 加入蓝莓果干拌匀。

4 用橡皮刮刀稍微拌匀成团，不需要揉光滑，只要能拌匀成团就行，稍有干粉也没关系。

5 压平后用模具切出形状，放在铺了锡纸或油纸的烤盘里。

6 烤箱预热 200℃，烤 15~20分钟，松饼表面呈金黄色，并且明显长高即可。

灰灰小贴士

面团只要能揉成团即可，千万不要过度揉面，那样反而会影响口感。

麻薯

分量 ×18

黑芝麻和牛奶可以根据自己的喜好换成其他的食材。

准备好：

炒熟的黑芝麻 30 克，麻薯预拌粉 200 克，黄油 50 克，鸡蛋 1 个，牛奶 110 毫升

这样做：

1 黄油融化成液体状，加入鸡蛋、牛奶。

2 用手动打蛋器搅拌均匀。

3 加入麻薯预拌粉和事先炒熟的黑芝麻。

4 用橡皮刮刀翻拌。

5 拌成面团。

6 将面团分成18份，搓圆排放在烤盘上。

7 烤箱上火200℃，下火160℃预热，烤20分钟左右。

灰灰小贴士

①没有黑芝麻也可以不加，做成原味麻薯也很好吃。

②根据家里食材，可以添加蔓越莓、提子干等。

③牛奶也可以换成 115 毫升酸奶，味道也很棒哦！

奶香椰蓉球

分量  ×38

温度不宜过高，以免出现表面上色过快，内部还没有烤熟的情况。

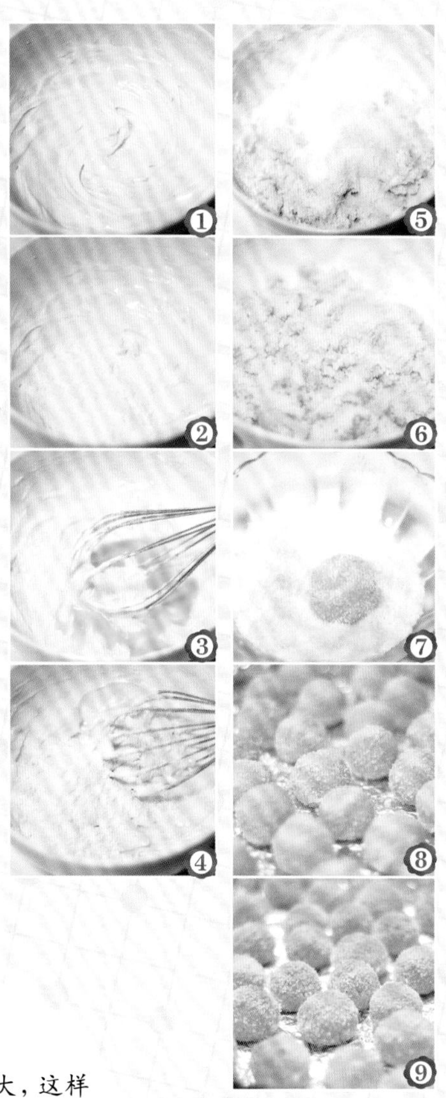

准备好：

低筋面粉 90 克，椰蓉 120 克，鸡蛋 1 个，黄油 70 克，奶粉、糖粉各 30 克

这样做：

1 将黄油室温下软化后打发至颜色变浅、黏稠浓滑状。

2 加入糖粉搅拌均匀。

3 分 3次加入打散的蛋液，每次搅拌至黄油和蛋液完全融合再加入下1次。

4 加入奶粉搅拌均匀。

5 加入过筛的低筋面粉和椰蓉。

6 用手轻轻抓拌均匀成团。

7 另取椰蓉，将面团揉搓成小球并在外面裹上椰蓉。

8 码放在铺有油纸的烤盘上。

9 烤箱 150℃预热，中层烤约 25分钟。

灰灰小贴士

①椰蓉球的大小尽量做得一样大，这样可以保证烘烤时上色均匀，不至于出现有的熟了、有的还没熟的情况。

②在烘烤的最后几分钟一定要在边上看着，以免烤焦。

牛油果烤蛋

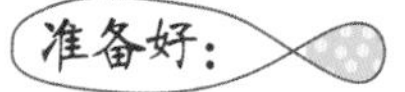

准备好：

牛油果 1 个，鸡蛋 2 个，生抽、番茄酱各 1 汤匙

这样做：

1 将牛油果对半切开取出果核，底部凸出处稍微切平。鸡蛋滤去蛋清留蛋黄备用。

2 将鸡蛋黄放在牛肉果果核的凹陷处。

3 烤箱 200℃预热，中层烤约 5分钟至蛋黄半熟。

4 生抽和番茄酱拌匀做成调味汁，将调味汁淋在牛油果上即可。

灰灰小贴士

购买牛油果时，外皮青绿色摸起来很硬的可以存放 1 周左右再食用；摸起来不太硬并且颜色变黑了可以立即食用；如果有摸起来局部是软的，切开果肉变黑就不宜再食用了。

约克夏布丁

灰灰小贴士

①烤盘模具一定要预热，倒入面糊后赶快放入烤箱中。

②中途不能打开烤箱门，否则约克夏布丁长不高哦。烤的过程中会长很高，出炉后有些回缩是正常的。

准备好：

鸡蛋4个，低筋面粉250克，盐1/2小匙，牛奶500毫升，肉桂粉、植物油各适量

这样做：

1 将鸡蛋液打散，加入低筋面粉和牛奶搅拌均匀。

2 再加入盐和肉桂粉拌匀，室温下放置20分钟。

3 烤箱上下火250℃，将麦芬模具刷上薄薄一层植物油，放入烤箱中层一起预热。

4 预热好后，取出麦芬模具，将面糊倒入模具中七八分满，250℃烤15分钟，转180℃再烤15分钟即可。

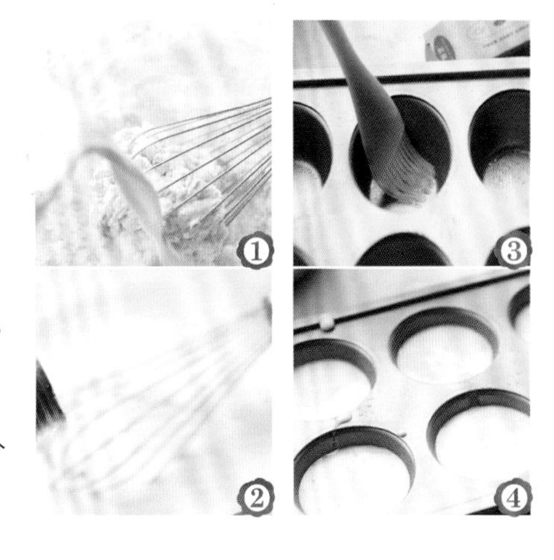

杏仁费南雪

分量 ×16

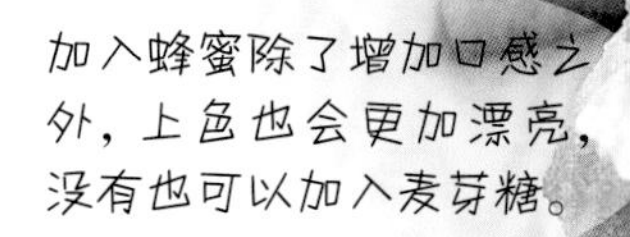
加入蜂蜜除了增加口感之外，上色也会更加漂亮，没有也可以加入麦芽糖。

准备好：

黄油、蛋清各50克，杏仁粉、低筋面粉各20克，蜂蜜10克，糖40克，杏仁片约15克

这样做：

1 蛋清加糖、蜂蜜混合，用手动打蛋器搅打至出现粗泡状态。

2 将杏仁粉、低筋面粉混合筛入搅打好的蛋清中。

3 用橡皮刮刀翻拌均匀。

4 小火加热黄油，至黄油液体表面开始出现茶色沸腾泡沫时关火，放凉后加入面糊中。

5 再次拌匀。

6 将拌好的面糊装入裱花袋中。

7 挤入金砖模具中，约八分满即可，再撒上杏仁片。

8 烤箱190℃预热，中层。

9 烤7分钟后，烤至金砖表面微泛金黄色，关火脱模。

灰灰小贴士

①烤的时候面糊会膨胀，看步骤图8、9就知道了，所以面糊挤到八分满就好。

②如果没有硅胶金砖模具，用金属的也是一样的，或者用小一些的玛芬模具也可以。

蛋挞

港式甜挞

果丹皮

原味咸风

猪肉脯

核桃酥饼

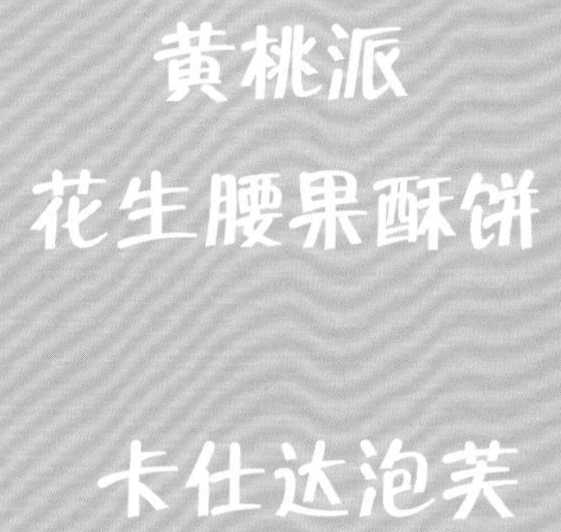

黄桃派

花生腰果酥饼

卡仕达泡芙

燕麦片脆饼

可可巧克力马卡龙

巧克力甘那许

玛德琳

第二章

孩子最爱吃的小零食

焦糖香草鲜奶布丁

维也纳酥饼

烤苹果片

巧克力坚果手指饼干

燕麦红糖软曲奇

蛋挞

春秋天是做开酥类点心的好时候，我们这儿最近一直很凉爽，只有20℃的样子，天气太热，尤其30℃以上的高温天，就不适合做开酥类点心了。因为新手手法比较生疏，在制作过程中，可能会延长制作时间，如果黄油融化的话很容易手足无措。此时适当地冷藏就能很好地解决这个问题。

制作时加上其他食材，就可以升级为别的口味的蛋挞啦！

挞皮

准备好：

挞皮材料：面粉300克，盐6克，黄油45克，水150毫升（此配方可做挞皮18~20个）

裹入用油：片状黄油150克

这样做：

1 面粉加盐混合均匀，加入黄油块（无需软化）。

2 用手将面粉和黄油搓成碎屑状。

3 加入水拌匀。

4 揉成光滑的面团，盖上保鲜膜，冷藏松弛1小时。

5 在面团冷藏的最后10分钟，将软化的片状黄油用擀面杖擀压成厚薄均匀的一大片薄片。

6 取出冷藏好的面团，擀成长方形（比擀好的黄油片要长和宽一些）。

7 将擀薄的片状黄油放在面皮上。

8 将另一半面皮覆盖上，捏紧收口，将黄油片包好。

9 将面团顺一个方向擀长。

10 将两边各1/3处向中间折，完成第1次3折。

11 再将面团顺折的方向擀长，再进行第2次3折，然后放入冰箱冷藏松弛1小时。

灰灰小贴士

蛋挞冷藏保存后，就不酥脆了，这时只要放到烤箱里，200℃再烤个几分钟，就可以了。

12 将冷藏松弛后的面团顺折线第 3次擀长，进行第 3次3折(共3次3折)。

13 再次顺折线将面团擀开成长方形面片。

14 面片上刷薄薄一层水，从上向下将面皮卷起成圆柱形。

15 用刀切成20~25克重的小面团。

16 将面团稍压扁，放入抹了软化黄油的蛋挞模具中。

17 用手指将面团贴合蛋挞模具，慢慢向上推开，直到面团覆盖满模具，并且使挞皮高出模具(因为烤的时候挞皮会回缩，所以需要挞皮比模具稍高一点)。

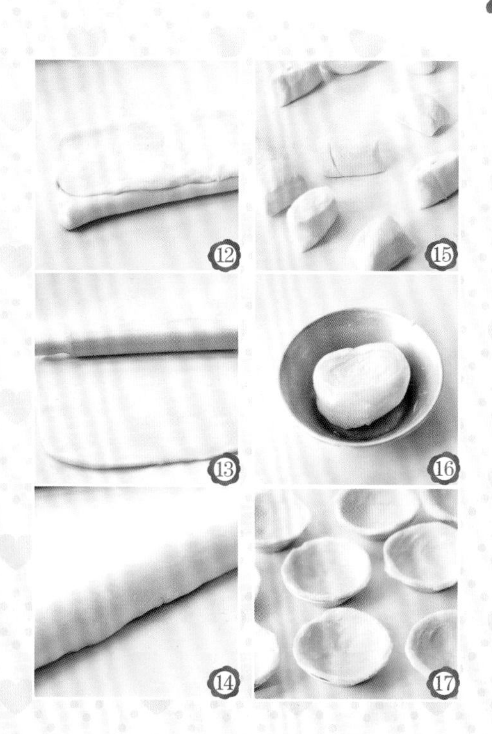

挞水

准备好：

动物性淡奶油 110 克，牛奶 75 毫升，细砂糖 30 克，蛋黄 2 个，炼乳、低筋面粉各 8 克(此配方大约可做蛋挞10个)

这样做：

1 将淡奶油加牛奶、炼乳搅拌均匀，加入细砂糖加热至糖溶化，放凉备用。

2 蛋黄加低筋面粉拌匀。

3 将混合好的奶液加入蛋黄中，搅拌均匀。

4 过筛后就得到了蛋挞水。

5 将挞水盛入挞皮中，大约7分满的位置(不可贪心哦，挞水过多，烤时会溢得烤盘到处都是)。

6 烤箱200℃预热，中层，上下火，烤约25分钟。

7 烤至挞皮呈金黄色，蛋挞中有焦黄色点即可。

8 取出放凉后脱模食用。

港式甜挞

分量  ×15

这个挞皮省去了传统酥皮蛋挞开酥“叠被子”的麻烦，制作起来简单很多，而且口感非常棒。挞皮薄薄的很酥脆，入口即化，再搭配香甜嫩滑的蛋羹，相比酥皮蛋挞，我更喜欢这一款。

港式甜挞吃起来酥脆香甜，非常适合作为快手小点心。

准备好：

挞皮材料：无盐黄油 90 克，糖粉 40 克，蛋液 12 克，低筋面粉 170 克，淡奶油 5 克

蛋羹材料：蛋液 160 克（室温），细砂糖 75 克，动物性淡奶油 30 克，牛奶 220 毫升

这样做：

1 打蛋盆内放入黄油、糖粉。

2 用手动打蛋器搅拌至颜色变浅。

3 加入蛋液后继续搅拌，直到完全融合。

4 加入淡奶油，继续搅拌至融合。

5 筛入低筋面粉。

6 拌匀成面团，盖上保鲜膜放入冰箱内冷藏1小时。

7 冷藏面团的时候可以制作蛋羹。将蛋羹的所有材料混合搅拌均匀。

8 把冷藏好的面团分成约15个小剂子。

9 将小剂子用手压扁，放在挞模内，用手指轻轻按压，使挞皮铺满模具，注意要厚薄均匀。

10 将蛋羹液倒在挞皮内，放在烤箱中层，220℃烘烤约15分钟。

11 烤至挞皮边缘变成浅棕色即可。

灰灰小贴士

①如果没有淡奶油，可以将材料中的淡奶油换成全脂淡奶。

②烘烤时间可以根据自家烤箱温度适当加减时间。

③挞皮一定要尽量薄一些。

④有条件的话，将蛋羹液冷藏1晚，可以使味道更均匀地融合。

果丹皮

灰灰小贴士

每台烤箱的温度都不同，时间和温度要多观察，如果表皮烤到凝结了，底部也不黏乎乎的，就行了，取出风干放1晚就可以了。

准备好：

山楂 600 克，白砂糖 250 克

这样做：

1 将山楂洗净去核备用。

2 加少许水用搅拌机搅打成山楂果泥，加入白砂糖，放入炒锅中炒至果泥浓稠。

3 将炒好的果泥倒在铺了锡纸的烤盘上抹平。

4 烤箱90℃烘烤约1小时，取出风干。将果丹皮卷起，切成段，用保鲜膜包好。

燕麦红糖软曲奇

灰灰小贴士

①这款是软曲奇，所以烤上色就可以了，一定注意不要烤过了，出烤箱时是软的才是正常的哦。

②燕麦片用即食的就可以。

准备好：

全蛋液 75 克(约 1 个半鸡蛋)，无盐黄油 108 克，提子干、燕麦片各 30 克，香草精 2 滴，红糖 100 克，面粉 165 克，盐、肉桂粉各 1 克，苏打粉 2 克

这样做：

1 将鸡蛋、提子干、香草精混合，静置1小时。

2 黄油软化后，加红糖打发，再加入过筛的盐、面粉、苏打粉、肉桂粉，再加入步骤 1，最后加燕麦片。

3 用橡皮刮刀翻拌成面糊，舀 1勺面糊放到烤盘上压扁，或者用手搓成球再按扁。烤箱 175℃烤 10~12 分钟。

核桃酥饼

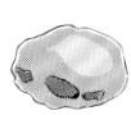
3人份

这个饼干，姑且算桃酥吧，用植物油做出来的，虽然少了黄油的那份奶香，但是有坚果的口感，最简单的几种材料在一起有着最原始的香甜滋味，下午茶时来一块，配一杯咖啡，真是一个很值得期待的美好午后。

做好的饼坯也可以蘸一些芝麻在表面，吃起来也很香。

准备好：

低筋面粉 250 克，核桃仁 70 克，植物油 100 毫升，细砂糖 95 克，小苏打粉 2 克，鸡蛋 1 个

这样做：

1 将剥好的核桃仁放入烤盘中，180℃，烤箱中层烤 8分钟取出晾凉，装入保鲜袋，用擀面杖碾压成核桃碎。

2 将植物油放入大碗中，加入鸡蛋拌匀。

3 再加入细砂糖。

4 搅拌均匀。

5 将低筋面粉和小苏打粉混合筛入。

6 用橡皮刮刀翻拌几下，加入核桃碎。

7 稍拌成团，看不见干粉即可，不要过度揉面。

8 取25克小面团稍揉成团。

9 将小面团用掌心压扁至边缘自然开裂状，铺满烤盘，中间留一些间隙。

10 烤箱200℃预热，中层烤15分钟左右。

11 烤好后取出晾凉，再放入盒中密封保存即可。

灰灰小贴士

①各家烤箱温度可能会稍有差异，所以要根据自家烤箱来调整温度和时间。

②核桃也可以换成其他自己喜欢的坚果。

③小苏打不可少，因为小苏打受热后释放二氧化碳气体，会使桃酥更酥脆，属于对身体比较健康的添加剂，如果没有的话也可用 3 克无铝泡打粉。

花生腰果酥饼

分量 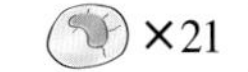 ×21

口感非常酥，入口即化，里面有 50% 都是花生粉，所以真的很香。

准备好：

生花生仁、低筋面粉各 100 克，绵白糖 45 克，盐 1/6 小匙，色拉油 55~60 毫升，腰果、蛋黄液各适量

这样做：

1 生花生仁不加油炒熟后放入搅拌机内。

2 打成花生粉。

3 低筋面粉过筛后，加入绵白糖、盐、花生粉。

4 再加入色拉油。

5 搅拌混合均匀。

6 用手揉成团。

7 将面团分成小圆球排放在烤盘上，顶部按上腰果压扁，刷蛋黄液。

8 烤箱预热到 170℃，中层烤 20分钟左右，烤到表面微焦即可。

灰灰小贴士

①腰果可以换成花生、杏仁、核桃、芝麻，或者干脆什么都不加也可以。

②这款饼干中最好不要用砂糖，不容易溶化，我用的是绵白糖。

③色拉油用玉米油、葵花子油、花生油都可以，用花生油会更香。

黄桃派

3人份

就像我一位朋友说的那样，烘焙的确是一段奇幻之旅，看着面粉、糖、黄油等材料随意组合变化，就能变成餐桌上的美味点心，可不就是很奇幻嘛。

今天分享一款简单的甜点——黄桃派，只需要做好派皮，放上水果就行，美好的甜点总是能给这雾霾天气里带来一些美好的期待。

准备好：

无盐黄油 120 克，面粉 160 克，椰蓉 20 克，细砂糖 50 克，牛奶 70 毫升，黄桃适量

这样做：

1 将黄油切成小丁，无需软化，面粉筛入黄油中。

2 将黄油沾满面粉，用手捏搓成小粒。

3 加入细砂糖和椰蓉拌匀。

4 加入牛奶。

5 轻轻揉成面团，不需要揉得很均匀，有些黄油小颗粒也没关系，放入冰箱冷藏30分钟。

6 用擀面杖擀成比派盘稍大一点的饼皮，取下饼皮，铺在派盘上，用手压平后切去多余的饼皮。

7 饼皮上用叉子戳一些洞，松弛 10分钟。这个期间将黄桃罐头沥去多余水分，切成小片，铺在派盘里。

8 烤箱 200℃预热，中层烘烤 20~25分钟至派皮金黄色即可。

灰灰小贴士

①揉面团时不需要揉得很均匀，有些黄油颗粒也没关系，口感可以更丰富。

②用叉子在饼皮底部戳一些小洞，可以防止烘烤时饼皮鼓起来。

焦糖香草鲜奶布丁

分量  ×4

香草豆荚不仅可以增香，而且可以去除蛋腥。冷藏后口感更佳。

准备好：

焦糖材料：冷水 13 毫升，细砂糖 30 克，热水 15 毫升

布丁材料：鸡蛋 2 个，细砂糖 30 克，牛奶 210 毫升，香草豆荚 1/4 根，朗姆酒 1/2 匙

这样做：

1 将焦糖材料中细砂糖和冷水放入锅中，不要动锅，中大火熬至周围变黄后关小火，转动锅。

2 当熬制到大泡变成小泡泡，颜色变成红褐色，黏稠并且闻起来有苦味和焦糖味时关火。

3 立刻加入15毫升热水搅拌均匀（如果加入热水后黏稠搅拌不动，可以开小火加热一下，再搅拌均匀）。将熬好的焦糖均匀地倒在模具底部，等待焦糖凝固。等待焦糖凝固的时间，可以开始制作布丁液。

4 将布丁材料中的鸡蛋加细砂糖打散。

5 将1/4根香草豆荚剖开，将香草子刮入牛奶中，并且将豆荚一起放入牛奶中，小火加热到沸腾前的状态即可关火，然后盖上盖子焖3分钟让香草更入味。

6 取出牛奶中的香草豆荚，分4次将牛奶倒入蛋液中搅拌均匀（注意要每次搅匀后才可加入下一次的牛奶）。

7 将搅拌好的蛋奶布丁液过筛两次，使布丁口感更细滑。

8 再加入1/2匙朗姆酒搅拌均匀即可。

9 将布丁液倒入盛有焦糖液的模具中。将布丁模具放在烤盘中，烤盘里加约2厘米高的热水，烤箱160℃预热，放在中层烘烤40分钟左右即可。

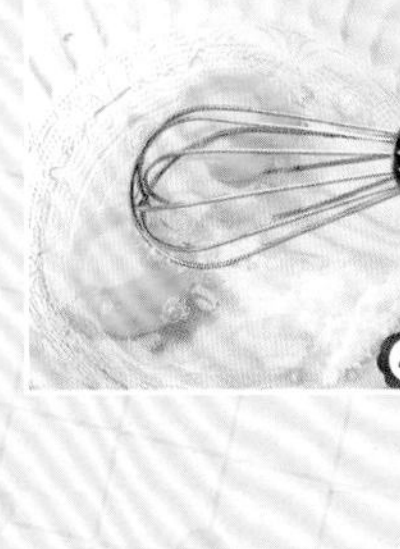

灰灰小贴士

烤好的布丁会有些颤动，但是不会流动，这个状态最佳。冷藏1晚后脱模食用。

泡芙 (Puff) 是一种西式甜点，蓬松张孔的奶油面皮中包裹着奶油、巧克力甚至冰激凌，热爱甜点的人一定会爱这个小东西，每一口都是满满的甜蜜。

泡芙虽然好吃，但含糖量很高，每次别吃太多哟！

泡芙面糊

准备好：

牛奶（或水）100毫升、无盐黄油45克，盐1小匙、低筋面粉60克，鸡蛋100克（2个）

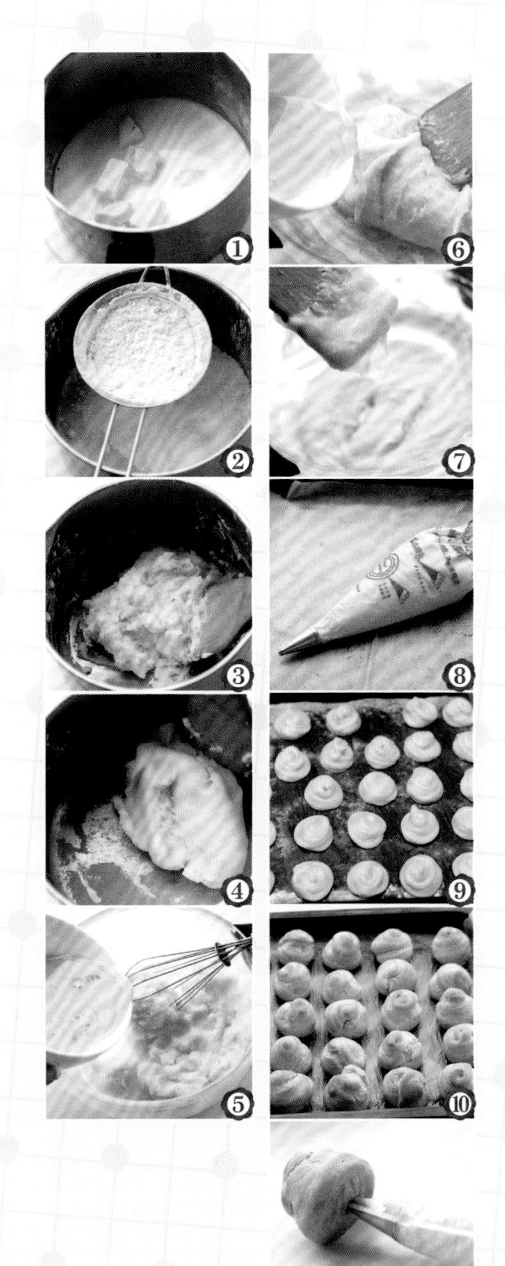

这样做：

1 将牛奶、盐、软化的黄油块，放入锅中，煮至完全沸腾的状态后关火。

2 筛入低筋面粉。

3 用木勺均匀地拌成面团。

4 再次开火，中火，不断搅拌，直到锅底出现面糊薄膜后关火。

5 取出放入搅拌盆中，降温到热而不烫手的温度，分4次倒入全蛋液。

6 每1次拌匀后再加入下1次的蛋液。

7 拌好的面糊有光泽、细滑，当捞起后滴落呈现倒三角的形状即可。

8 将面糊装入裱花袋中。

9 烤盘里铺油纸，挤4厘米直径的泡芙面糊。

10 烤箱预热，以190~200℃烘烤30~35分钟，直到泡芙表面呈金黄色，并且膨胀直挺为止，关火继续焖5分钟后取出晾凉。

11 将卡仕达馅装入裱花袋中，从泡芙底部挤进馅料，或者将泡芙从中间横切开，挤入馅料即可。

卡仕达馅料

准备好：

牛奶 167 毫升，香草豆荚 1/4 根，蛋黄 2 个，细砂糖 50 克，低筋面粉 16 克

这样做：

1 将香草豆荚剖开，香草子刮入牛奶中，加上香草豆荚和牛奶一起煮至沸腾前的状态，关火备用。

2 蛋黄加入细砂糖，用手动打蛋器打到不黏稠发白的状态。

3 筛入低筋面粉拌匀。

4 取出牛奶中的香草豆荚，将拌好的蛋黄糊倒入牛奶中。

5 搅拌均匀。

6 开中火，不停地搅拌熬煮，熬煮过程中有段时间会很黏稠，继续搅拌后，黏稠会消失，呈现流动的状态，这时关火盖上保鲜膜冷却备用。

灰灰小贴士

①烤泡芙的温度要适宜，太高会提早熟，太低了不利于膨胀。烤时一定不要开烤箱盖，否则影响泡芙膨胀。

②卡仕达馅冷藏后会变黏稠，重新用手动打蛋器搅打顺滑即可。

烤苹果片

灰灰小贴士

因为每个人的刀工不一样，所以薄厚情况也不同，可以根据苹果片烘烤情况适当延长烘烤时间。刚出炉的苹果片放凉后就会变得很酥脆。

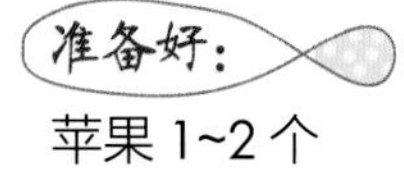

准备好：

苹果 1~2 个

这样做：

1 苹果洗干净，避开果核部分，将果肉切成 1.5毫米左右的薄片。

2 把苹果片排在烤网或者烤盘上。

3 烤箱预热 100℃，上下火，烤 1小时左右，至苹果片变薄、泛金黄色即可，放凉后装袋密封保存。

木糠杯

灰灰小贴士

如果没有玛利亚饼干，也可以用奥利奥饼干来做，取出中间的夹心，然后打碎即可。

准备好：

淡奶油 200 克，玛利亚饼干 180 克，炼乳 45 克

这样做：

1. 将玛利亚饼干用搅拌机搅打成细腻的饼干碎屑。
2. 淡奶油中加入炼乳，用电动打蛋器打发至出现纹路的状态。
3. 将打发好的淡奶油装入裱花袋里。在杯底铺上一层饼干屑，挤上一层奶油。
4. 再铺上一层饼干屑，挤上奶油，依次直到铺满，然后最上面筛上一层饼干屑即可。

可可巧克力马卡龙

分量  ×22

糖粉最好选择不掺有玉米淀粉的纯糖粉，这样才能保证最好的口感。

可可巧克力马卡龙

准备好：

TPT amande：145克（72.5克杏仁粉+72.5克糖粉），可可粉7克，蛋清54克，细砂糖72克，水19毫升

这样做：

1 TPT amande中145克杏仁糖粉和可可粉混合。用筛网过筛2次（这个过程有点小累，要有耐心哈）。

2 分2次共加入27克蛋清拌匀。

3 剩下的蛋清27克加细砂糖12克，用电动打蛋器打到湿性发泡状态（能出现弯曲的尖角）。

4 取60克细砂糖和19毫升水混合，煮到116~120℃。

5 将煮好的热糖水慢慢倒入步骤3的蛋白霜内，同时用打蛋器一直搅至出现硬性发泡。将蛋白霜分次与步骤2的TPT面糊混合，翻拌均匀。

6 将面糊装入裱花袋。

7 用圆裱花嘴在硅胶垫上挤出圆形面糊，放置20分钟，直到不粘手，有软软的壳（或者开烤箱热风功能，100℃度烘约10分钟）。

8 送入预热至140℃的烤箱，中层烤18分钟左右。约2分钟内裙边就逐渐出现。完全放凉后，从垫子上取下。

巧克力甘那许馅

准备好：

淡奶油70克，黑巧克力80克（60%可可脂含量），黄油12克

这样做：

1 将淡奶油和黑巧克力混合放入小锅内，小火加热至巧克力融化成浓稠顺滑的状态。

2 加入黄油煮化，拌匀后放凉，装入裱花袋冷藏片刻。

3 将冷藏片刻的巧克力甘那许馅取出，在马卡龙中挤入巧克力甘那许馅，夹起来冷藏保存即可。

玛德琳

分量 ×24

1730年，美食家波兰王——雷古成斯基流亡在Commercy，有一天，他带的私人主厨竟然在快上甜点时玩失踪。情急之下，有个女仆临时烤了她最拿手的小点心端上去，结果竟很得雷古成斯基的欢心，于是，就以女仆之名命名了这种小点心——Madeleine。

准备好：

低筋面粉 200 克，无铝泡打粉 6 克，细砂糖 145 克，鸡蛋 3 个，香草精 3 滴，无盐黄油 200 克，牛奶 50 毫升

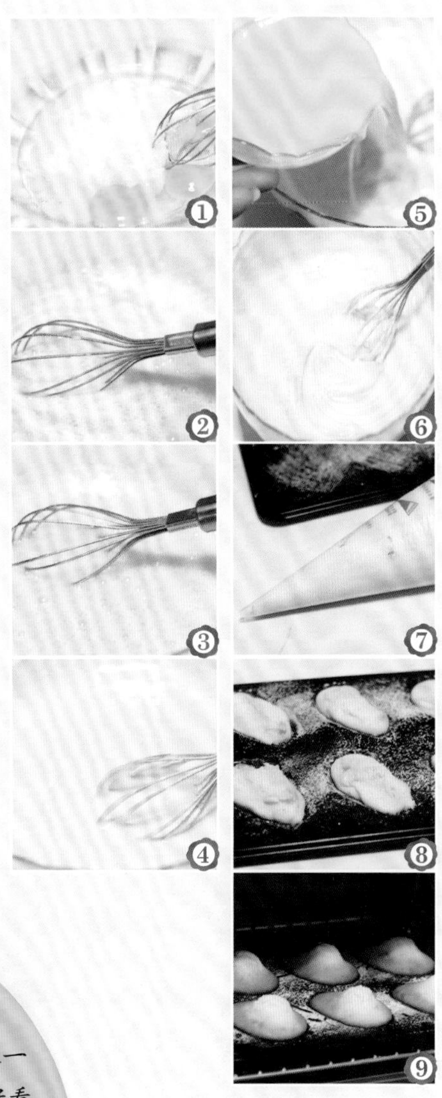

这样做：

1 鸡蛋加入细砂糖搅拌均匀。

2 再加入牛奶和香草精。

3 搅拌均匀。

4 将低筋面粉和泡打粉混合，筛入搅拌好的蛋液中，搅拌至顺滑无颗粒状。

5 再加入融化的黄油。

6 搅拌成顺滑有光泽的面糊，静置1小时。

7 将蛋糕糊装入裱花袋中。

8 挤在模具中，约九分满。

9 烤箱 190℃预热，烤 8~10分钟，至蛋糕边缘上色，中间鼓起小肚子即可。

灰灰小贴士

①烘烤的具体时间还要根据自家烤箱来调整，我的烤箱约 8 分钟就可以了。金属模具比硅胶模具上色深一些，抹茶口味的更适合用硅胶模具来烤，这样颜色会更好看。不过原味的，还是金属模具烤出来的金黄色更诱人哦。

②还可以做成抹茶、可可口味的玛德琳，将等量的面粉替换成抹茶粉或可可粉即可，用量可以在 10 克左右，或根据喜好增减，也可根据喜好再添加一些自己喜欢的小食材等。

③玛德琳的模具有大小之分，如果是小的或者是硅胶模具，要相应减少两三分钟烘烤时间。

巧克力坚果手指饼干

分量 ×45

加上巧克力和坚果，美观、美味又营养。

准备好：

黄油 75 克，低筋面粉 110 克，奶粉 15 克，糖粉 50 克，全蛋液 40 克，巧克力 45 克，杏仁适量

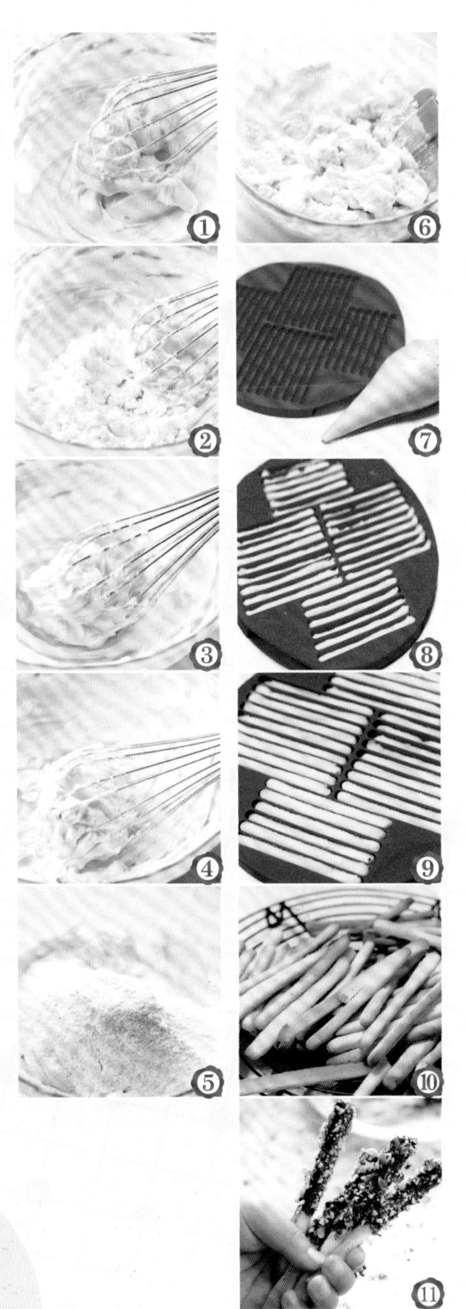

这样做：

1 将黄油室温下软化，用手动打蛋器搅打至体积稍膨大，颜色发白。

2 加入糖粉搅打均匀。

3 分3次加入全蛋液。

4 搅打至蛋液完全被吸收，黄油呈现蓬松状。

5 筛入低筋面粉和奶粉。

6 用橡皮刮刀翻拌均匀。

7 将面糊装入裱花袋中，袋前剪一个小口子。

8 挤入模具的长条格子中约一半满。

9 烤箱预热，上火 180℃，下火 200℃，放在中层烤12~15分钟至饼干微微金黄色即可。

10 烤好后直接倒扣，饼干自动脱模，晾凉即可。

11 巧克力 45克，隔温水融化，杏仁切碎，用刷子将巧克力液均匀地刷在手指饼干上，再蘸上杏仁碎即可。

灰灰小贴士

①步骤 10 前面是原味的手指饼干做法，不喜欢巧克力的，做到步骤 10 就可以了，也很好吃。

②这里的坚果大家可以换成其他，如花生、芝麻等，我用刷子，因为是长条状饼干，感觉比直接滚巧克力液要更方便些。

燕麦片脆饼

分量 ×17

材料中的绵白糖可以用黄砂糖、红糖替换，别有一番风味。

准备好：

植物油、低筋面粉、即食燕麦片各50克，绵白糖40~50克，全蛋液25克，泡打粉2克

这样做：

1 将绵白糖加入植物油中搅拌均匀。

2 再加入全蛋液搅拌均匀。

3 加入燕麦片。

4 搅拌均匀。

5 筛入低筋面粉和泡打粉。

6 用橡皮刮刀以不规则方向翻拌均匀。

7 包起来冷藏半小时。

8 搓成小球，按扁，铺在烤盘上。烤箱预热，170℃约烤18分钟，上色后关火焖10分钟即可。

灰灰小贴士

①植物油也可以换成黄油，将50克黄油和砂糖小火加热到黄油融化（砂糖不溶化没关系），放凉后继续下面的步骤。

②材料中的绵白糖也可以用黄砂糖、红糖，别有一番风味。

③玉米油也可以换成其他植物油，比如葵花子油、豆油等。

维也纳酥饼

分量 ×32

准备好：

低筋面粉 145 克，黄油 125 克，糖粉 50 克，蛋清 20 克，盐 1 克，香草豆荚粉 2 小匙（如没有，可加香草精 2 滴）

这样做：

1 将黄油室温下软化，软化的黄油里加盐、糖粉。

2 打发至顺滑。

3 分 2次加入蛋清，第一次搅拌均匀后再加入剩余的蛋清。

4 搅打至颜色发白，体积稍变膨大的顺滑状态。

5 筛入低筋面粉。

6 用橡皮刮刀翻拌至没有明显的干粉状即可，不要过度搅拌。

7 裱花袋里装入菊花齿裱花嘴，将面糊装入袋中。

8 烤盘铺油布或油纸，或者用不粘烤盘，将面糊挤成大小均匀的“W” 形状。

9 烤箱预热 180℃，中层烤 15分钟左右，至边缘微金黄色即可，晾凉后密封保存。

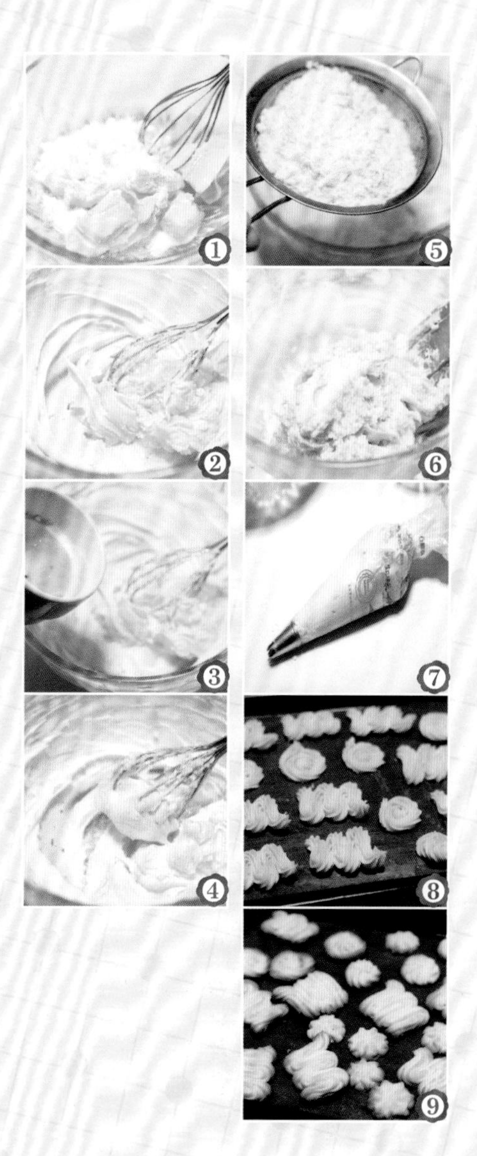

灰灰小贴士

①做可可味的话，用 130 克低筋面粉加上 15 克可可粉，可以再适当增加点糖粉用量。

②这里用的是蛋清，不是全蛋液哦，蛋清也是保持口感酥脆的秘诀哦。

原味戚风

戚风蛋糕是最受欢迎的蛋糕之一，它组织膨松好看，味道清淡不腻，口感滋润嫩爽，而且质地松软，简单易做，是大多数烘焙初手第一个愿意尝试的蛋糕作品。当然，一旦成功，那可是非常有成就感的。

戚风蛋糕轻盈柔软如云
朵般，味道清淡不腻，是
深受大家欢迎的蛋糕。

模具：

8 寸中空圆模

尺寸：宽 21 厘米，高 11 厘米（不连烟囱）

准备好：

蛋黄糊材料：蛋黄 5 个，植物油 50 毫升，牛奶 75 毫升，低筋面粉 100 克，细砂糖 10 克，盐 1 小匙

蛋白糊材料：蛋清 5 个，细砂糖 70 克

这样做：

1 蛋黄、蛋白分开后，分别放入打蛋桶内，注意要干净无水，无油。

2 5个蛋黄加 10克细砂糖用手动打蛋器打散，加入牛奶搅匀，再加入植物油并搅拌均匀。

3 低筋面粉、盐混合后，用面粉筛筛入蛋黄糊中。将面粉糊搅拌至无颗粒状。

4 蛋清中加几滴白醋或柠檬汁，用电动打蛋器将蛋清打发，搅打至粗泡时加入 1/3的细砂糖。

5 搅打至出现细腻泡泡时加入 1/3的细砂糖，搅打至出现纹路时加入剩余细砂糖。

6 最后打发至出现稍稍弯曲的尖立直角即可，此时就是适合做戚风的干性发泡。

7 取 1/3打好的蛋白糊加入蛋黄糊中，用刮刀上下翻拌均匀。

8 再把拌好的蛋黄糊倒回剩下的 2/3蛋白糊内，上下翻拌均匀。

9 最后把面糊倒入活底的蛋糕模具内。用力震两三下，防止有大气泡。

10 烤箱预热170℃，上下管倒数第2层烤40分钟左右。

11 烤好后取出马上倒扣，放凉或冷藏1夜后脱模。

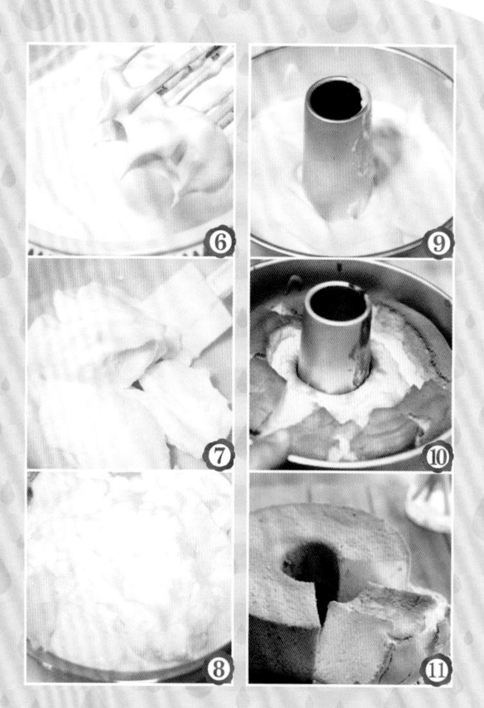

灰灰小贴士

①如果用 8 寸圆模，温度用 150℃烤 55 分钟左右。

②脱模后的模具，用清水浸泡一会，再用清洁海绵洗净即可，千万不能用硬的清洁球来擦洗。

③关于开裂：其实开裂不能算作失败，关键还是看组织的松软和弹性。如果实在纠结圆模顶部的开裂问题，那么将上火温度调低一点点可改善这种情况。

④关于凹陷：底部出现一个很大的凹陷，这种情况一般是由于下火温度太旺导致的。上部凹陷可能是由于顶部没烤熟。腰部凹陷可能是由于底部火力不足导致的没有完全烤熟。解决方法要调整自家烤箱的温度。

⑤不长高：蛋清打发不到位，或者翻拌时消泡了。

⑥戚风蛋糕是靠打发好的蛋清支撑起来的，所以蛋清打发很重要，一定要打到位，出现干性发泡，在打发的过程中，都能感受到打蛋器有一定的阻力，并且将盆倒扣过来，蛋清是绝对不会流动和掉下来的。充分预热烤箱对于烤戚风也很重要哦。

原味曲奇

分量 ×24

准备好：

无盐黄油 120 克，鸡蛋 1 个，低筋面粉 200 克，糖粉 80~90 克（我用 80 克，自行增减糖粉用量）

这样做：

1 将黄油室温下放置软化状，用手动打蛋器搅打至顺滑。

2 加入糖粉充分打发，打发好的状态是黄油颜色变浅，体积变大，并且形成顺滑的纹路。

3 分 3 次加入蛋液继续打发。

4 直到打融合后再加入下 1 次蛋液。

5 筛入低筋面粉，充分搅拌融合，不要转圈搅拌，要从底部往上捞起搅拌，避免面粉出筋。

6 裱花袋装入菊花齿裱花嘴，再装入曲奇面糊。

7 烤盘上铺油纸，挤出曲奇的形状，用力挤出一个圈圈。

8 烤箱预热 180℃，烤 18 分钟左右（具体的烘烤温度和时间可以根据自家烤箱来调节，烤的时候尽量不要走开，多观察上色情况）。

灰灰小贴士

①碰到天冷曲奇不好挤的时候，千万不要随意加液体，多用手捏一捏装了面糊的裱花袋。用手心温度让面糊稍微软化一下，会好挤一点。

②挤曲奇不建议用一次性塑料裱花袋，因为可能会存在爆袋的情况，用硅胶裱花袋或者布的裱花袋都可以。

③还可以做成其他口味的曲奇饼干，比如用 10 克抹茶粉或可可粉替换等量的面粉即可。关于糖粉，可以自己在家用料理机将粗砂糖打成糖粉，再添加少许玉米淀粉可以帮助防潮，更利于保存。

猪肉脯

分量 ×12

准备好：

猪肉末 250 克，鱼露、生抽、老抽、白糖、盐、蜂蜜、黑胡椒粉、白芝麻各适量

这样做：

1 偏瘦点的猪肉末加入黑胡椒粉、白糖、盐，顺着一个方向搅拌上劲至黏稠。

2 加入生抽、老抽、鱼露继续顺着一个方向搅拌。

3 顺着一个方向搅打肉馅，打好的肉馅腌制半小时左右。

4 拌好的猪肉馅用刀再次剁成肉糜。

5 取 1张锡纸，表面刷层薄薄的植物油。把肉馅放到锡纸上。肉馅上盖一层保鲜膜，用擀面杖擀成薄厚均匀的薄肉饼。

6 把擀好的肉饼放到烤盘中，撕去上面的一层保鲜膜，撒上白芝麻。

7 烤箱 180℃预热，正面刷蜂蜜，撒芝麻烤 15分钟，然后将反面放在烤网上，刷蜂蜜，撒芝麻继续烤 15分钟至肉变干即可(图中这张还没烤好，是烤了一半时的样子，烤好后会缩很多)。

8 晾凉后肉脯就变干了，切块即可。

灰灰小贴士

①猪肉末选偏瘦一些，这样在烤制的时候不容易出油。烤盘中如果出水了，可以中途拿出来倒掉。

②在锡纸上刷一层薄油，防止猪肉脯拿不下来。

③擀肉馅的时候一定要擀成薄厚均匀的，这样烤制的时候受热才会均匀。

④猪肉馅一定要搅打上劲，那样口感才好。

羊肉串

盐烤秋刀鱼

香辣烤鱼

金针菇烤鱿鱼

培根杏鲍菇焗饭

咖喱孜然烤翅

咖喱鸡肉焗饭

烤猪蹄

锡纸烤鲈鱼

什蔬烤鸡

第三章

绝对拿得出手的宴客菜

焗番茄奶酪饭

剁椒蒜蓉烤生蚝

烤菌菇

咖喱烤虾

剁椒蒜蓉烤生蚝

分量  5人份

准备好：

生蚝10只，剁椒15克，蒜10瓣，生抽1汤匙，糖5克，葱4根，植物油1大匙，白胡椒粉适量

这样做：

1 将生蚝洗净，刷干净壳，蒜剥皮后，压成蒜蓉，葱切成葱花备用。

2 用刀将生蚝撬开壳洗净。

3 锅里倒植物油烧热，放入蒜蓉炒至蒜蓉颜色由半透明到变白即可。

4 再加入剁椒、葱花、生抽、白胡椒粉、糖，翻炒出香味，关火。

5 将生蚝铺在烤盘上，用汤匙将调味料淋在生蚝上。

6 烤箱200℃预热，中层烤10分钟即可。

灰灰小贴士

①炒蒜蓉的时候，蒜蓉会从半透明到变白，这个时候就可以了，再炒下去就会变黄色、出焦味了。

②撬蚝壳的时候，观察下将稍大一片的壳那面朝下，戴上手套握紧生蚝，将小刀从2片蚝壳连接处插进去一点点就可以撬开了。

③生抽和剁椒里都有盐，所以不需要再加盐了。

焗番茄奶酪饭

分量  ×2

米饭里添加的蔬菜和肉类，可以根据喜好选择其他食材。

准备好：

米饭 1 碗，番茄 2 个，奶酪 20 克，鸡胸肉 50 克，鸡蛋 1 个，水淀粉 1 小匙，植物油 1 汤匙，盐、胡椒粉各适量

这样做：

1 将番茄洗净切去顶端，鸡胸肉切成小丁，加水淀粉、胡椒粉、盐腌 10分钟。

2 用勺子挖空番茄的内瓤，做成番茄小碗，再将挖出来的番茄肉切成小丁备用。

3 炒锅倒油烧热，放入鸡肉丁炒至变色后盛出。

4 锅里留底油，倒入打散的鸡蛋液炒碎，再放入番茄丁翻炒软。

5 加入米饭、鸡肉丁一起翻炒 2分钟，加少许盐调味。

6 将炒好的米饭装入番茄小碗中。

7 米饭上撒上奶酪碎。

8 烤箱 190℃预热，放入番茄盅烤 10分钟，烤至奶酪融化即可。

灰灰小贴士

米饭里的蔬菜和肉类也可以根据个人的喜好更换其他材料，比如虾仁、三文鱼肉、玉米粒、青豆、芹菜、胡萝卜等。

咖喱鸡肉焗饭

分量 ×1

把鸡肉换成牛肉或者海鲜，就又变成一道新的焗饭啦。

准备好：

鸡肉1块，胡萝卜小半根，洋葱1/4个，咖喱调料1块，米饭1碗，马苏里拉奶酪100克，植物油1汤匙，盐适量

这样做：

1 准备所需材料，鸡肉、洋葱、胡萝卜分别切成小丁备用。炒锅里倒少许油烧热，放入洋葱、胡萝卜翻炒至出香味。

2 再放入鸡肉翻炒至变色。

3 放入咖喱块，加少许清水煮至汤汁收稠。

4 倒入米饭翻炒均匀，加少许盐调味。

5 将炒好的咖喱鸡肉米饭盛在烤器中。

6 均匀的在米饭表面撒上一层马苏里拉奶酪，烤箱200℃预热，将米饭放置在中层，烤约10分钟至奶酪融化，表面稍稍泛金黄色即可。

灰灰小贴士

①鸡肉可以用鸡胸肉或鸡腿肉，鸡腿肉的肉质有弹性，口感更好。

②奶酪不要烤久了，否则拉丝效果不好，吃起来口感也不好。

③做饭用的马苏里拉奶酪也是做比萨的奶酪，不要买错了哦，平时不用时冷冻保存就好。可以购买块状的，也可以购买已刨丝的。

咖喱烤虾

3人份

夏天是虾大量上市的季节，这个鲜美的小尤物真的是让我欲罢不能，巴不得顿顿都有它才过瘾。

准备好：

虾250克，咖喱粉1汤匙，生抽、植物油各1/2汤匙，白胡椒粉1/4茶匙，盐适量

这样做：

1 虾洗净，挑去虾线，沥干水分备用。

2 用厨房剪刀将虾背剪开方便入味。

3 虾中加入咖喱粉、生抽、盐、白胡椒粉拌匀腌10分钟。

4 再加植物油拌匀，铺在烤盘中。

5 烤箱预热180℃，中层烤8分钟左右。

灰灰小贴士

①烤的中途虾会出水，可以将水倒掉继续烤。还可以将虾铺在烤网上或者用竹签串起来，烤箱下面再放一烤盘，铺上锡纸，接烤制时滴落的汤汁。

②剥开虾壳后可看到背部有一条黑线，那就是虾的肠道，虾头和虾肠难免会有一些细菌，因此食用虾时最好先将虾线去除。方法是从虾头和虾身的连接处向下数第3个关节处用牙签穿过虾身，一手拿虾，另一手拿牙签轻轻向外挑，虾线就会挑出。

咖喱孜然烤翅

灰灰小贴士

①喜欢辣一些的可以再加点辣椒粉。

②一般不建议铺在烤盘上烤鸡翅，放烤网上烤效果会更好。另外，下面铺一个放有锡纸的烤盘很重要，可以接烤时滴下来的油水，以免弄脏烤箱。

准备好：

鸡翅中 500 克，咖喱粉、孜然粉各 1 汤匙，料酒 1/2 汤匙，盐 1 小匙

这样做：

1 鸡翅中洗净沥干水分放在大碗中，加料酒、咖喱粉、孜然粉、盐，抓拌均匀。

2 用保鲜袋装起来放入冰箱里冷藏12小时以上。

3 将鸡翅中摆在烤网上，烤盘上铺锡纸放在烤网下。

4 烤箱 200℃预热，中层，烤 20~25分钟至表面金黄色，外皮焦脆即可，中间可以翻1次面。

烤菌菇

灰灰小贴士

①可以只选择1种自己喜欢的菇类来烤，味道也不错。

②橄榄油也可以用其他植物油代替。

准备好：

鲜香菇10朵，口蘑8朵，金针菇1把，杏鲍菇3朵，孜然粉1茶匙，橄榄油1汤匙，黑胡椒粉、盐各适量

这样做：

1 香菇顶部切出十字花纹，口蘑切成块，杏鲍菇撕成条状，与金针菇等分别洗净。

2 加盐、孜然粉、胡椒粉拌匀，最好再加入橄榄油拌匀腌10分钟。

3 将菌菇铺在烤网上，放在烤箱中层，下面放铺了锡纸的烤盘，接烘烤时滴落的汁水。

4 烤箱220℃预热，烤箱中层烤12~15分钟即可。

金针菇烤鱿鱼

鱿鱼，也称柔鱼、枪乌贼，营养价值很高，是有名的海产品。它和墨鱼、章鱼等软体腕足类海产品在营养方面基本相同，都富含蛋白质、钙、磷、铁等，并含有十分丰富的诸如硒、碘、锰、铜等微量元素。

鱿鱼中含有丰富的钙、磷、铁元素，对骨骼发育和造血十分有益，可预防贫血。

准备好：

鱿鱼1条，金针菇1小把，洋葱、青红椒各半个，蜜汁烤肉酱1大匙，料酒、生抽、孜然粉各1小匙，油1匙，姜3片，糖、盐、胡椒粉各1/2小匙，姜丝适量

这样做：

1 将鱿鱼洗净后剥去表面的一层皮，在鱿鱼背面斜切上花刀(斜30°划开，注意底部不能划破)。

2 加入料酒、盐、姜片腌15分钟。洋葱、青红椒切丝。

3 加入蜜汁烤肉酱、生抽、孜然粉、胡椒粉、糖(酱汁的口味根据个人喜好，喜欢辣的可以多加点辣椒粉)。

4 将鱿鱼和酱汁搅拌均匀，腌最少半小时以上。

5 烤盘铺锡纸，刷一层油，铺上洋葱丝。

6 再铺上金针菇、青红椒丝和姜丝。

7 将腌好的鱿鱼铺在烤盘上。

8 烤箱预热220℃，烤10分钟后，刷一层油，继续烤2分钟左右即可。

灰灰小贴士

①鱿鱼注意不要烤老了哦，否则就失去了鲜嫩的口感了。

②蜜汁烤肉酱也可以换成韩国辣酱或者烧烤酱、海鲜酱。

灰灰小贴士

①煮卤水的时候可以尝一下咸淡，再酌情添加盐。

②焯烫肉类食材的时候用凉水煮，这样才能充分将血水煮出来。

烤猪蹄

准备好：

猪蹄 2 个，市售卤料包 1 包，生抽 2 汤匙，老抽 1 汤匙，冰糖 15 克，孜然粉、辣椒粉各 1 茶匙，盐适量

这样做：

1 锅里倒入足量水，放入猪蹄焯烫出血水，捞出冲洗干净备用。

2 将卤料用纱布包起来，锅里倒入足量水，放入卤料包、生抽、老抽、冰糖、盐煮沸，再放入猪蹄。

3 将猪蹄煮至软烂。

4 取出猪蹄，撒上一层孜然粉和辣椒粉，烤箱 200℃上下火预热，中层烤20分钟即可。

羊肉串

准备好：

羊腿肉 200 克，生抽、植物油各 1 汤匙，孜然粉、辣椒粉各 1 茶匙，盐、胡椒粉各适量

这样做：

1 羊腿肉洗干净备用。

2 将羊肉切成小块状放在大碗中，加入生抽、胡椒粉、盐、少量油拌匀，腌制过夜。

3 把羊肉串在竹签上，在表面刷薄薄一层油，然后排放在烤网上，下层放入铺有锡纸的烤盘来接滴落的油脂。

4 烤箱 220℃预热 5分钟，烤 15~20分钟，取出撒上孜然粉和辣椒粉即可。

灰灰小贴士

羊肉要挑选肥瘦相间的，烤出来不干，口感最好。

培根杏鲍菇焗饭

分量 ×1

荤素搭配，营养丰富，是餐桌上一道不可多得的美味。

准备好：

米饭1碗，杏鲍菇1朵，培根2片，蒜苗3根，马苏里拉奶酪100克，植物油、盐、现磨黑胡椒各适量

这样做：

1 将培根切小块，杏鲍菇切小丁，蒜苗切成碎粒备用。

2 锅里倒少许植物油烧热，放入培根煸炒至变色出油，再放入蒜苗碎粒翻炒一会。

3 加入杏鲍菇翻炒至变软，加盐、黑胡椒调味，翻炒均匀。

4 加入米饭翻炒均匀。

5 将炒好的饭装在烤碗里，撒上马苏里拉奶酪。

6 烤箱200℃上下火预热，放在中层烤约10分钟至奶酪融化即可。

灰灰小贴士

①也可以用黄油来做这道饭，有不一样的香气。

②蔬菜根据自己的喜好可以随意调整。

什蔬烤鸡

分量 ×1

准备好：

童子鸡1只，土豆1个，胡萝卜、洋葱各半个，生抽2汤匙，烤肉酱3汤匙，橄榄油、料酒、蒜末各1汤匙，黑胡椒碎1茶匙，盐适量

这样做：

1 准备好所有材料。

2 将鸡斩去头尾、爪子，洗净备用。

3 将所有调料放入大碗内拌匀成腌肉料。

4 将鸡用腌料抹匀，装入保鲜袋中扎紧，放入冰箱里冷藏1夜以上。

5 土豆、洋葱、胡萝卜切块放入烤器中（我用的是珐琅铸铁锅），放入盐、橄榄油、黑胡椒碎拌匀。

6 腌好的鸡放在蔬菜上。

7 烤箱220℃预热，用锡纸包裹住鸡翅尖，烤20分钟。

8 取出翻面。

9 继续烤20分钟。

10 再次翻面烤20分钟即可。

灰灰小贴士

①用珐琅铸铁锅来当烤器烤鸡，这样烤鸡的时候，鸡油流在锅里还能烤蔬菜，鸡肉蔬菜一锅端香极了。

②如果你的烤箱不够大，那么可以直接将鸡平铺放在烤盘上，也可以利用烤箱自带的转叉来烤。

锡纸烤鲈鱼

分量 ×1

准备好：

鲈鱼1条，芹菜3根，洋葱1/4个，葱5根，姜4片，豆豉15克，干红辣椒5个，蒜5瓣，生抽2汤匙，老抽1/2汤匙，糖1茶匙，料酒1汤匙，干淀粉、植物油、盐各适量

这样做：

1 将鲈鱼去除鱼鳞、鳃、内脏后洗净，在鱼身上划3刀，抹少许料酒、盐腌制15分钟。

2 芹菜、葱、蒜、豆豉切成碎末，洋葱切成碎丁，姜切细丝备用。

3 鲈鱼表面拍上适量干淀粉。

4 平底锅里倒比平时炒菜量稍多一些的油烧至六成热，将鲈鱼放入锅里煎炸至两面金黄，捞出沥油。

5 锅里留底油，爆香干红辣椒、葱、姜、蒜、豆豉末，放入芹菜末、洋葱末炒香，再加入生抽、老抽、料酒、糖和适量清水烧开。

6 放入鲈鱼烧5分钟左右。

7 烤盘里铺上锡纸，放入鲈鱼包好。

8 烤箱180℃预热，中层烤20分钟左右即可。

灰灰小贴士

①豆豉已经有盐了，加上腌制鲈鱼时抹了少许盐，所以后面调味时不需要再加盐了。

②用锡纸的亚光面接触食物。

厨房是我在家里最爱的地方，这里是一个神奇的“战场”，也像一个充满秘密的“盒子”，这里能产生无数挑逗味蕾细胞的美味佳肴，这里还是一个神秘的“实验室”，让我用“爱”这一味“调味剂”丰富我家的餐桌！

在这里，端上一盘又香又辣、又鲜又嫩的烤鱼，非常过瘾，是我很喜欢的菜，连我家丫头也很喜欢。送给大家，让我们一起用“爱”调味餐桌吧。

辣味能增加人的食欲，没
胃口时不妨做道香辣烤
鱼，瞬间点燃你的味蕾！

准备好：

黑鱼 1 条（鲤鱼、草鱼、鲶鱼等其他鱼也可以，约 750 克），香菜 50 克，土豆 1 个，魔芋豆腐 1 块，姜 20 克，蒜、干辣椒各 100 克，花椒 15 克，郫县豆瓣 2 大匙，酱油 1 大匙，糖 1 茶匙，高汤 250 毫升，葱段、植物油、盐各适量

腌鱼调料：葱段、姜片、盐、料酒、辣椒面、花椒面、孜然粉、酱油、植物油各适量

这样做：

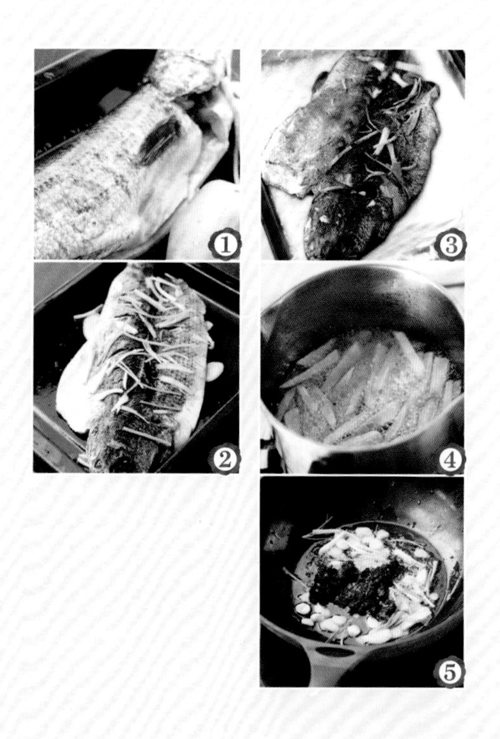

1 将黑鱼洗净，剪去鱼鳍，然后沿鱼骨将鱼分成两半，鱼背相连。

2 再用葱段、姜片、1小匙料酒和 1茶匙的盐抹匀鱼身，腌制10分钟。

3 烤盘上铺好锡纸，刷一层植物油，将鱼放入，下面垫上葱段和姜片，鱼身刷上植物油和酱油，撒上辣椒面、花椒面、孜然粉，放入预热 220℃的烤箱上下火烤 20分钟（中间翻 1次身，可以再刷 1次酱油和油）。

4 土豆切成条状，放入油锅中炸熟。

5 炒锅内放入 2大匙植物油，烧至五成热，放入切好的姜末、蒜瓣、葱段炒香，再放入郫县豆瓣酱。

6 小火炒出红油。

7 再放入干辣椒和花椒炒香。

8 加入高汤烧开，加酱油、盐、糖调味。

9 加入切成条状的魔芋豆腐同煮。

10 再加入炸好的土豆条煮开。

11 将烤好的鱼身上的葱姜去掉，把鱼放入一个大盘中，没有就用烤盘。把做好的配菜和汤汁倒在烤鱼上，再次放入烤箱中200℃烤5分钟即可。

12 最后也可以再将2大匙植物油烧至五成热，放入适量干辣椒和花椒炒香，再趁热浇在烤好的鱼身上，撒上香菜段即可。

灰灰小贴士

①烤鱼时，烤盘上要铺上锡纸，否则汤汁很容易干掉并且碳化，不容易清洗。

②在锡纸上要多刷油，否则鱼在烤制时，很容易粘在锡纸上，不容易中途翻面。

③配菜可以根据自己的喜好选择，莲藕、豆干、黄瓜、莴苣等都行。

④土豆可以不过油炸，直接和魔芋豆腐一起煮熟，不过油炸后的土豆条口感更好。

盐烤秋刀鱼

分量 ×3

准备好：

秋刀鱼 3 条，柠檬半个，黑胡椒碎 1 茶匙，海盐、橄榄油各 1 汤匙，葱姜蒜粉各适量

这样做：

1 将秋刀鱼去除内脏和鱼鳃，洗净沥干，鱼身上划3刀方便入味，再将海盐、黑胡椒碎、葱姜蒜粉均匀地抹在秋刀鱼上。

2 再挤少许柠檬汁腌30分钟左右。

3 烤盘铺上锡纸，抖去鱼身上多余的盐粒，再将腌制好的秋刀鱼刷上一层橄榄油排放在烤盘上。

4 烤箱 250℃预热，放入中层烤 10分钟。翻面再烤 10分钟至鱼表面金黄色，吃时再淋少许柠檬汁搭配食用即可。

灰灰小贴士

①用大粒的海盐来做这道鱼，比普通的食用盐更有风味。

②柠檬可以去腥、增添风味。

玫瑰爱心饼干

奶油水果蛋糕卷

布朗尼

豆沙面包

黑芝麻吐司

萝卜丝酥饼

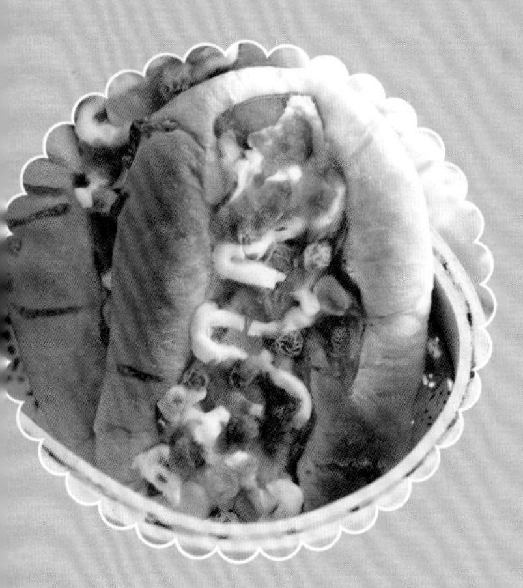

第四章

周末郊游美食

抹茶豆沙酥

布列塔尼酥饼

奥尔良烤鸡腿比萨

抹茶蜜豆蛋糕卷

墨西哥蜜豆面包

奥尔良烤鸡腿比萨

分量 ×10 寸

腌制鸡腿的时间要长一点，入味了才好吃。

比萨酱

准备好：

番茄 500 克，蒜 3 瓣，橄榄油 20 毫升，洋葱 60 克，盐、黑胡椒碎、比萨草、糖各 1 小匙，罗勒 1/2 小匙，番茄沙司 2 大匙，水 100 毫升

这样做：

1 番茄洗净后去皮切小丁，洋葱切小丁，大蒜拍碎切成末。

2 锅烧热，放入橄榄油，放入洋葱和蒜末，翻炒至出香味，放入番茄丁，大火翻炒。

3 炒出汁水以后，放番茄沙司翻炒均匀。

4 加100毫升水，再加少许黑胡椒碎和糖调味。

5 加比萨草和罗勒翻炒均匀，盖上盖子熬煮20分钟左右。

6 最后煮至快成酱时大火收稠汁，加少许盐调味拌匀即可，冷藏保存，3天内使用完。

奥尔良烤鸡腿

准备好：

鸡腿 3 个（约 400 克），奥尔良烤肉料 15 克，水 15 毫升，蜂蜜 1 大匙

这样做：

1 将鸡腿剔去骨头，加入 15克烤肉料，再加 15毫升水拌匀后，冷藏腌制 12小时以上。

2 烤盘里垫锡纸洒少许水放在烤网下，将腌好的鸡腿肉摆在烤网上。

3 烤箱预热 200℃，中层烘烤 35~40分钟，烘烤到 15分钟时取出正反面各刷一层蜂蜜。

4 烤15分钟再刷一层蜂蜜，共刷2次蜂蜜，最后烤熟即可。

比萨饼坯

准备好：

高筋面粉 185 克，温水 110 毫升，干酵母 4 克，白糖 15 克，盐 2 克，橄榄油 20 毫升（或黄油 25 克）

这样做：

1 将高筋面粉、白糖、盐放入1个大碗内拌匀。

2 加入橄榄油。

3 将干酵母放入温水中搅拌溶解后倒入面粉内。

4 搅拌均匀。

5 揉成光滑的面团（面光、盆光、手光）。

6 揉好的面团用保鲜膜盖好，放温暖处发酵至 2倍大，可以用手指沾上干面粉，在面团上戳一个洞，不塌陷、不回缩就是发好了。

7 将发酵好的面团取出，将面团内的空气揉出，再静置15分钟松弛。

8 用擀面杖将面团擀成面饼。

9 烤盘里铺锡纸，刷薄薄的一层色拉油，铺上面饼，用手按压成四周厚中间薄的饼坯。

灰灰小贴士

①做好的饼坯用叉子戳些小洞防止烤制时膨胀。

②面饼厚薄可以根据自己的喜好来决定，喜欢软的就做厚点，烤前再醒发一会。

③如果用 8 寸比萨盘，面粉量为 125 克，自己换算下比例即可。

④用锡纸的亚光面接触食物。

奥尔良烤鸡腿土豆比萨

准备好:

青、黄甜椒半个，火腿、土豆各半个，洋葱 1/4 个，比萨酱 2 大匙，奥尔良烤鸡腿 2 个，马苏里拉奶酪 180 克

这样做:

1 土豆去皮切薄片，用油煎至金黄色。

2 奥尔良烤鸡腿切片，青、黄甜椒切成圈，洋葱切丝，火腿切片备用。

3 比萨饼坯用叉子戳小洞防止烘烤时膨胀。

4 烤箱预热 180℃，将比萨饼坯放入烤箱内烘烤 8分钟后取出，抹比萨酱，撒适量马苏里拉奶酪。

5 铺上土豆片和洋葱丝。

6 再铺上火腿片和鸡腿片。

7 铺上甜椒圈，放入烤箱，180℃烤 20分钟。

8 取出后均匀地撒上马苏里拉奶酪。

9 最后烤 5分钟至奶酪融化即可。

灰灰小贴士

马苏里拉奶酪可以放冰箱冷冻保存，软化后擦成丝或者切成条、片都可以。

布朗尼

分量  ×6寸

如果用的是生核桃仁，事先烤几分钟，吃起来口感会更好。

准备好：

无盐黄油、低筋面粉、黑巧克力各 150 克（我用了 3 条德芙 43 克装的黑巧克力），细砂糖 100 克 ，鸡蛋 3 个，可可粉 20 克，泡打粉 1/2 小匙 ，小苏打粉 1/4 小匙（没有可不放），碎核桃 50 克

这样做：

1 黑巧克力隔热水加热融化成巧克力液。

2 无盐黄油自然软化后加入细砂糖打发至体积稍膨大。

3 再分 3次加入打散的鸡蛋液搅打均匀，一定要每次充分搅打均匀后再加入下 1次的，否则容易造成油水分离的现象。

4 完成好的样子，黄油和鸡蛋的混合物约膨大2倍。

5 把稍微冷却的巧克力液倒入黄油混合物中。

6 搅拌均匀。

7 筛入混合好的低筋面粉、可可粉、泡打粉、小苏打粉。

8 用橡皮刮刀从底部向上轻轻翻拌均匀即可（不要搅拌过久，以免出筋，影响到膨胀度）。

9 将面糊倒入烤模中。

10 刮平表面，撒上碎核桃。

11 烤箱中层烘烤，温度为175℃，上下火，45分钟左右。

灰灰小贴士

① 如果用浅的烤模，大约烘烤 30 分钟左右就可以了。大家要根据自己的烤模来决定烘烤时间。

② 翻拌面糊的时候一定要避免翻拌过度，否则会影响成品的膨胀度。

③ 加蛋液时分 3 次加入，每 1 次加入都要等蛋液和黄油完全融合了才能加下 1 次，否则会水油分离。

④ 融化后的巧克力溶液，一定稍冷却后再倒入，避免黄油因受热而液化。

布列塔尼酥饼

分量 

准备好：

无盐黄油 120 克，糖粉 60 克，盐 1 克，香草精 1/4 小匙，蛋黄 2 个，低筋面粉 130 克，进口无铝泡打粉 2 克，杏仁粉 15 克

这样做：

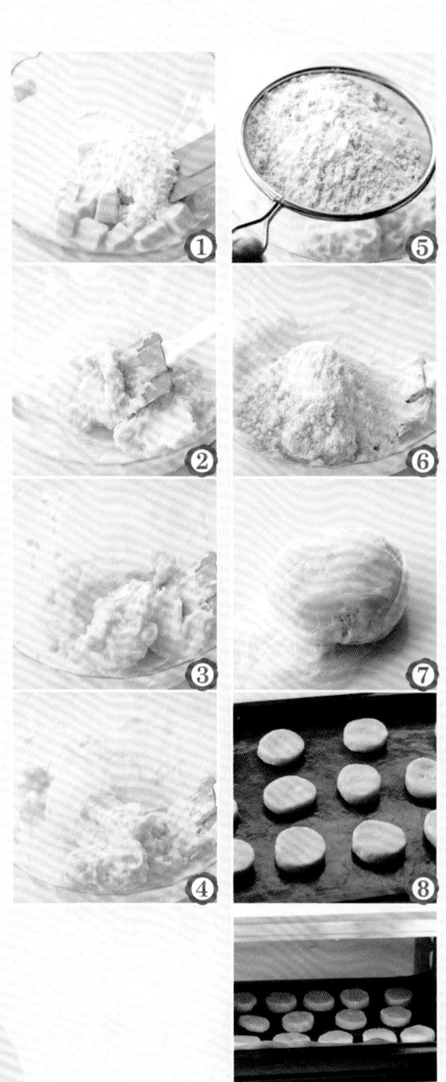

1 将无盐黄油事先切成小块，室温下软化，再把糖粉、香草精、盐加入软化后的黄油中。

2 用橡皮刮刀翻拌均匀。

3 加入1个蛋黄。剩下的蛋黄打成蛋黄液。

4 继续翻拌均匀。

5 将低筋面粉和无铝泡打粉混合筛入黄油中。

6 再加入杏仁粉。

7 用橡皮刮刀拌匀成面团，用保鲜膜包好，冷藏 30分钟以上。

8 将面团搓成长圆柱形，切成约8毫米厚的饼干片，刷上蛋黄液，用叉子画上交叉线条。

9 烤箱上火180℃，下火150℃预热10分钟，放入饼干坯，烘烤约 25分钟，关火后焖 10分钟即可。

灰灰小贴士

①曾经有过不少小伙伴问我关于黄油软化的状态，软化就是指能轻松用手指捏动的状态，冬天不太容易软化，白天可以放太阳下晒一会，或者用微波炉的解冻功能，但是小心不要转太长时间。

②具体烘烤时间和温度以自家烤箱为准，相应地增加或减少烘烤时间。

豆沙面包

分量  ×8

出炉后最好放置一会儿再吃，面包本身的风味要在完全冷却后才能品尝出来。

准备好：

如果是35升烤箱，材料和分量建议用这个比例：

高筋面粉225克，低筋面粉25克，盐2克，糖、全蛋液各30克，酵母3克，黄油18克，牛奶130毫升，奶粉18克，自制豆沙馅200克，杏仁片适量

这样做：

1 将除黄油和豆沙馅外的所有材料放入面包机桶内，用后油法①和成光滑的面团。

2 2个和面程序后，面团可以拉出透明薄膜，和面结束。

3 将面团盖上保鲜膜，放在温暖处发酵至2~2.5倍大，一次发酵结束。

4 将发酵好的面团取出按压排出面团内空气，切割成8等份。

5 滚圆，并将豆沙馅分成8等份。

6 将面团擀扁，包上豆沙馅，捏紧收口处。

7 依次将所有豆沙馅包入。

8 盖上保鲜膜松弛15分钟后，用手掌按压扁。

9 用剪刀从面坯上下左右各剪8刀，松弛20分钟。刷全蛋液，撒上杏仁片。

10 烤箱180℃预热，中层烘烤20分钟至表面金黄色即可。

注①：后油法是指先将面揉到形成一定程度后，再加入黄油。在家制作时，可以将面揉到抻开，但抻开会有很多洞时，就加入黄油。

灰灰小贴士

①豆沙馅也可以换成其他馅料，比如绿豆沙、枣泥、紫薯馅等。

②杏仁片换成芝麻也不错。

③基础发酵一定要注意面团温度，温度高了，成品面包口感粗糙，烤制时前几分钟的膨胀效果也会不好。

黑芝麻吐司

分量  ×1

吐司里加了不少黑芝麻，黑芝麻有增强免疫力的作用。

准备好:

高筋面粉250克，糖、熟黑芝麻各30克，奶粉10克，全蛋25克，水125~135毫升，酵母、盐各3克，黄油20克

这样做:

1 将除黄油以外的所有材料放入面包桶内。启动和面程序(15~20分钟)，将面团揉至扩展阶段。

2 加入软化黄油(此法即为后油法)。

3 再次启动和面程序揉至完全阶段。下面让我们检查下面筋状况。取1块面团，慢慢地抻开，这时候面团已经可以拽开一层坚韧的薄膜，用手指捅破，破洞边缘光滑。

4 加入熟黑芝麻搅匀。

5 揉圆放入容器中，覆盖保鲜膜。

6 发酵至2~2.5倍大。

7 取出发酵好的面团排气，分割成均匀的面团滚圆，静置松弛15分钟。

8 取1个面团擀长。

9 翻面后卷起，松弛15分钟后再次擀长卷起。

10 放入吐司盒中，2次发酵至8分满。

11 烤箱预热180℃，烘烤40分钟左右。表面上色后加盖锡纸，具体的温度和时间还要根据自家烤箱调整。

灰灰小贴士

这个吐司一定要用熟的芝麻哦，这样口感才最香。炒芝麻的时候不需要加油，直接炒香即可，中途可以尝一下，避免炒糊了。

萝卜丝酥饼

分量 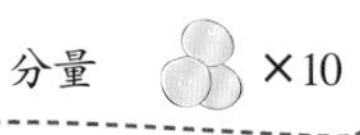 ×10

准备好：

水油皮材料：面粉 170 克，色拉油 60 毫升，白糖 20 克，盐 5 克，水 50 毫升

油酥材料：低筋面粉 55 克，色拉油 20 毫升

内馅材料：白萝卜半个，小葱 2 根，麻油 1 匙，盐 1 小匙，鸡精 1/2 小匙，虾皮、蛋液、芝麻各适量

这样做：

1 萝卜洗净、去皮、擦成丝放适量盐腌制 20分钟，挤干水分，加上剁碎的虾皮、葱末、麻油、盐，搅拌均匀。

2 将 60 毫升色拉油加入到 170克面粉中，搅拌均匀后加入 50 毫升水和成水油皮面团。

3 再将 20 毫升色拉油加入到 55克低筋面粉中和成油酥面团。

4 将水油皮面团、油酥面团包上保鲜膜松弛 30分钟。

5 将水油皮面团和油酥面团分别分成 10个小剂子。

6 将水油皮面团擀开，放上油酥，捏紧收口包圆。

7 面团松弛 10分钟后擀长，从一端向另一端卷起。

8 再次松弛 10分钟，重复步骤 7做法，再次擀长。

9 再次卷起后松弛 10分钟。

10 将松弛好的面团擀开，放上做好的萝卜丝馅。

11 捏紧收口后包圆，放在铺了油纸的烤盘里，刷蛋液，撒上芝麻(我刷的鹌鹑蛋液，烤出来不是很黄)。

12 烤箱220℃预热，上下火，中层烘烤20~25分钟即可，放凉了或者趁热食用。

灰灰小贴士

①建议大家可以把我配方里的量增加 1 倍，刚好放满一烤盘。

②水油面皮和匀时，开始会比较干、比较松散，坚持揉就能完全揉匀，不要随意添加液体。

玫瑰爱心饼干

分量 ×25

准备好：

无盐黄油100克，低筋面粉180克，糖粉50克，盐、小苏打粉各1/4小匙，干燥玫瑰花15克

这样做：

1 将干燥玫瑰花捏碎，取出花萼，只留花瓣。
2 玫瑰花用冷水浸泡约10分钟。
3 黄油软化后加入糖粉和盐。
4 搅拌均匀。
5 搅打至呈松发状态。
6 筛入面粉和小苏打粉。
7 加入浸泡后的玫瑰花瓣。
8 用手轻轻抓揉成面团状。
9 将面团擀成约0.5厘米厚，用心形模具切割面团。
10 将饼干坯平铺在烤盘中。
11 烤箱温度设定165℃烤20分钟，再用155℃烤10分钟左右即可。

灰灰小贴士

①烘烤时火温不要太高，以保持玫瑰花的色泽与香味。

②玫瑰花在超市花草茶柜台有售。浸泡后的玫瑰花稍微挤下水分即可直接拌入材料中。

抹茶豆沙酥

分量 ×16

抹茶的味道，清香却不带苦涩，加在点心中别有一番风味。

准备好：

油皮材料：低筋面粉 150 克，猪油 57 克，糖粉 30 克，水 60 毫升

油酥材料：低筋面粉 120 克，抹茶粉 7 克，猪油 64 克

馅料：自制豆沙馅 560 克

这样做：

1 准备低筋面粉、猪油、抹茶粉、糖粉、自制豆沙馅等材料。

2 将油皮材料中猪油加入低筋面粉和糖粉中搓成屑状，加水揉成光滑的油皮面团（刚开始会很粘手，坚持揉一会就好了）。

3 将油酥材料中猪油加入低筋面粉和抹茶粉中，揉成光滑的油酥面团。

4 和好的油皮、油酥面团用保鲜膜包好，静置30分钟。

5 将油皮和油酥面团分别分成8个小剂子。

6 将油皮面团揉圆，压扁后包入 1个油酥面团。用油皮包油酥，包成球状，收口朝下放置在桌上。

7 取包好的油酥皮擀成牛舌状。

8 从下向上卷成筒状。

9 收口朝下松弛20分钟。

10 将松弛好的面团从中间一切为二，切面朝上。

11 按圆压扁后擀成圆形。

12 翻一个面，包入自制的豆沙馅。

13 封口包成圆球形，收口朝下，放在铺了锡纸的烤盘上。

14 烤箱预热180℃，上下火，中层烘烤30分钟即可。

抹茶蜜豆蛋糕卷

分量  ×1

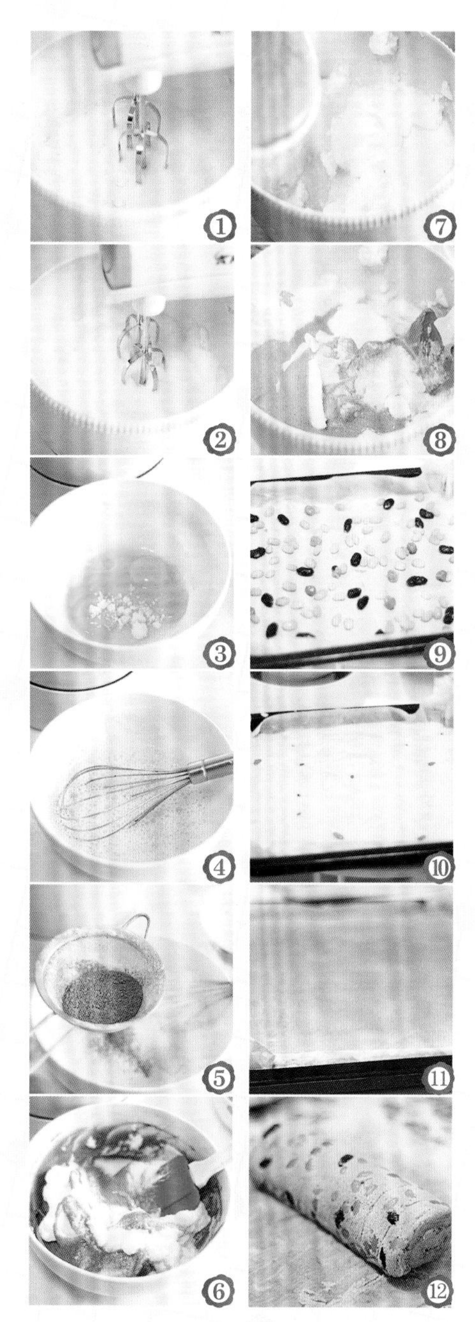

准备好：

低筋面粉 90 克，玉米粉 10 克，牛奶（或水）100 毫升，色拉油 70 毫升，鸡蛋 5 个，糖 40 克，抹茶粉 10~20 克（替换等量面粉），蜜豆、白醋各适量

这样做：

1 将鸡蛋的蛋清、蛋黄分离，分别放入无水无油的打蛋桶中。蛋清加白醋打发到鱼眼泡状态后，加10克糖。

2 打发到细腻纹路时再加 10克糖；打发到出现纹路时再加 10克糖，直到打发到出现弯曲的小尖角，即为湿性发泡状态。

3 蛋黄加10克糖搅拌均匀。

4 再加牛奶和色拉油搅拌均匀。

5 筛入低筋面粉和抹茶粉搅拌均匀。

6 将打发好的 1/3蛋白糊加入到抹茶蛋黄糊中，翻拌均匀。

7 将拌好的抹茶糊加入到蛋白糊中。

8 翻拌均匀。

9 烤盘铺油纸，均匀地撒上蜜豆。

10 将蛋糕糊倒在烤盘上，用力震几下以震消大气泡。

11 放入烤箱中层，180℃烘烤20分钟。

12 卷成长蛋糕卷，食用时切成厚薄均匀的蛋糕卷片即可。

灰灰小贴士

打发蛋清的时候注意不要打到呈直角钩的硬性发泡阶段，否则蛋白硬性容易使蛋糕卷偏干，卷起来容易开裂。

墨西哥蜜豆面包

分量 ×10

墨西哥面糊

准备好：

黄油 45 克，糖粉、低筋面粉各 50 克，全蛋液 40 克

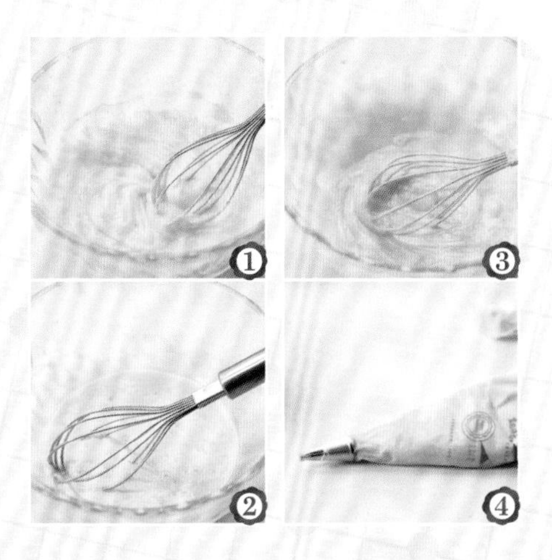

这样做：

1 黄油软化后加入糖粉，搅拌均匀，无需打发。

2 分3次加全蛋液，每次搅打均匀后再加入下1次蛋液。

3 筛入低筋面粉，搅拌至光滑状。

4 将拌好的墨西哥面糊装入裱花袋中备用。

面包

准备好：

汤种材料：高筋面粉 25 克，开水 25 毫升

主面团材料：高筋面粉250克，汤种全部，细砂糖30克，盐 2 克，即溶酵母粉 3 克，全蛋液 40 克，奶粉 12 克，水 108 毫升，无盐黄油 25 克，蜜红豆适量

这样做：

1 将汤种材料混合搅拌成团，放凉，与除黄油以外的主面团材料一起放入面包机桶内，启动和面程序。

2 1个和面程序结束后加入软化好的黄油，再次启动和面程序揉至扩展阶段。

3 放温暖处进行基础发酵至2~2.5倍大。

4 发酵好的面团排气，分成 8~10等份，滚圆，盖上保鲜膜松弛10分钟。

5 取 1份面团压扁，包入适量蜜红豆，捏紧收口，依次包好所有的面包，放入铺了油纸的烤盘中进行最后发酵，时间约 40分钟(温度38℃、湿度85%)。

6 面团发酵完毕，将墨西哥面糊挤在面包坯上约 1/3 的面积。烤箱 180℃预热，中层，上下火烘烤 15分钟左右至表面金黄色即可。

灰灰小贴士

墨西哥面糊只要搅拌均匀即可，不需要过度打发，否则烤好后表面会显得比较粗糙。最后筛入低筋面粉时要搅拌至光滑状。

奶油水果蛋糕卷

分量 ×1

准备好：

蛋黄 4 个，白砂糖、无盐黄油各 10 克，蜂蜜 20 克，低筋面粉 47 克，蛋清 107 克，细砂糖 40 克，牛奶 24 毫升，淡奶油，应季水果各适量

这样做：

1 蛋黄加糖拌匀。

2 蜂蜜加白砂糖热至 40℃，倒入蛋黄中。

3 用手动打蛋器搅打至颜色变浅，体积增大，并且有黏稠感，滴落和划过时有明显纹路。

4 蛋清分 3次加入 40克细砂糖，用电动打蛋器打发至能拉起直立略弯的三角。

5 将一半打发好的蛋白糊加入蛋黄糊中，用橡皮刮刀翻拌均匀。

6 分 2次筛入低筋面粉，用橡皮刮刀拌匀。

7 加入剩余的打发好的蛋白糊，继续翻拌均匀。

8 牛奶加黄油，加热至沸腾前的状态，然后倒入蛋糕糊中，翻拌均匀。

9 烤盘里铺油纸，将蛋糕糊倒入烤盘中抹平，轻轻磕几下。

10 烤箱 180℃预热，中层，烘烤约 13分钟至表面呈金黄色。

11 出炉后连烘焙油纸一起，将蛋糕片放在晾网上降温，放凉后去除油纸，打发淡奶油抹在蛋糕正面或背面都可以，再铺上切好的水果，卷起后冷藏一会即可切片。

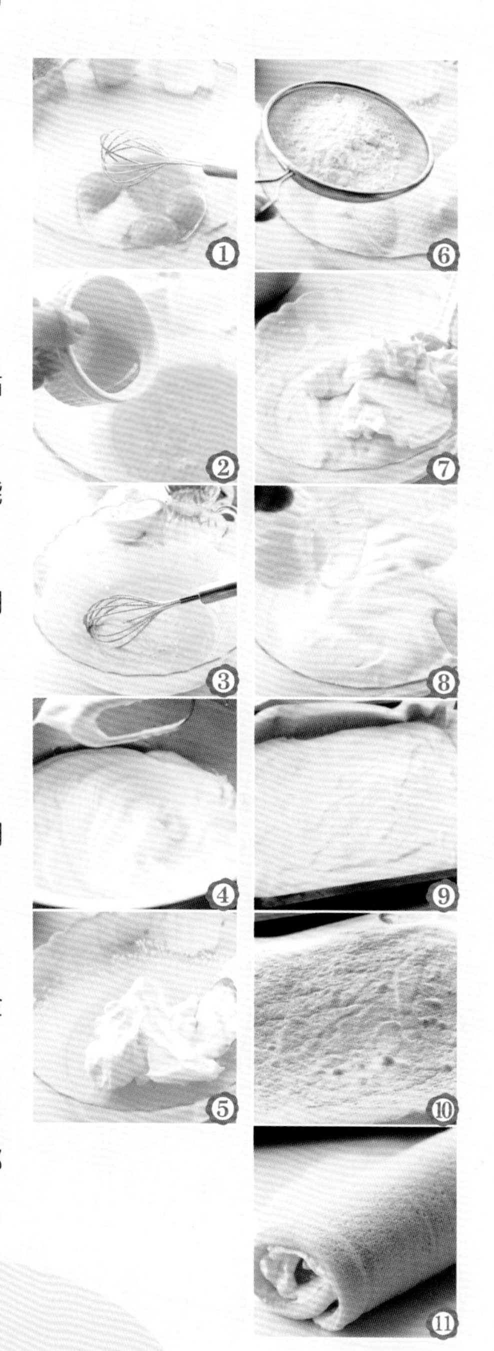

灰灰小贴士

①做这个蛋糕卷，如果用 28×28 厘米的烤盘来制作效果更好。

②卷的馅料所用的淡奶油需要打发到不能流动，出现纹路的状态，并且要等蛋糕凉了以后才能抹馅哦，否则奶油容易融化。

培根比萨面包

分量  ×6

做厚底比萨的面筋最好揉至扩展阶段，口感会更好。

准备好：

面团材料：高筋面粉 250 克，低筋面粉 50 克，盐 2 克，奶粉 15 克，即发干酵母 3 克，全蛋液、细砂糖各 30 克，水 150 毫升，无盐黄油 20 克

表面馅料：培根 6 片，马苏里拉奶酪 100 克，沙拉酱 60 克，青豆、玉米粒各适量

这样做：

1 将除黄油以外的所有面团材料放入面包机桶内。

2 启动和面程序，第 1个和面程序（15分钟）结束后，面团揉至光滑状。

3 加入软化后的黄油，再次启动和面程序。

4 第 2个和面程序结束后，面团揉至扩展阶段。

5 检查面团出膜，可以拉出透明有韧性的薄膜。

6 将面团收圆，进行发酵（天气热时室温下发酵即可，天冷时可以启动面包机发酵程序）。

7 发酵至 2.5倍大小，用手指蘸干粉戳个洞，不回缩即为发好。

8 将发酵好的面团排气后分成 6等份，盖上保鲜膜松弛 15分钟。

9 将松弛好的面团擀成长约 20厘米的椭圆形。

10 刷上全蛋液，铺上培根片，再放上玉米粒和青豆，撒上马苏里拉奶酪，再挤上沙拉酱，放在温暖处最后发酵 30分钟。

11 烤箱 180℃预热，烘烤约 18分钟至表面金黄色即可。

灰灰小贴士

培根烘烤后会缩短，所以整形时培根可以比面团长一些。

轻乳酪蛋糕

分量  ×6寸

模具越大，开裂的风险越高，因此6寸模具和轻乳酪模具都是不错的选择。

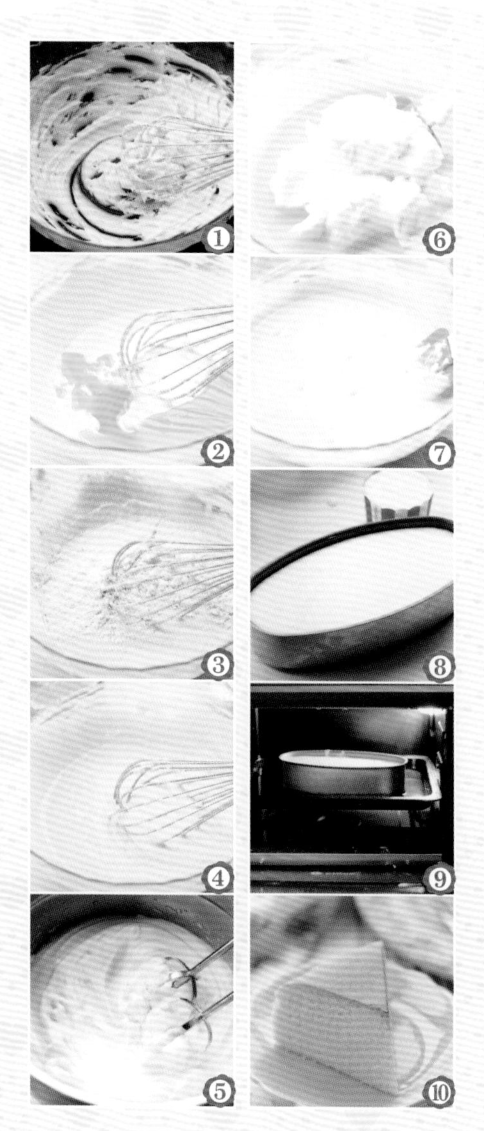

准备好：

奶酪蛋黄糊材料：奶油奶酪 100 克，牛奶 50 毫升，无盐黄油 30 克，蛋黄 3 个，低筋面粉 15 克，玉米淀粉 10 克

蛋白糊材料：蛋清 3 个，细砂糖 50 克，柠檬汁几滴

这样做：

1 奶油奶酪加牛奶，隔热水加热，搅拌至光滑无颗粒状（锅里水约 65℃，开最小火）。

2 加入融化的黄油，搅拌均匀。分 3次加入蛋黄，搅拌均匀。

3 筛入低筋面粉和玉米淀粉。

4 搅拌均匀，制成奶酪蛋黄糊。

5 蛋清加柠檬汁打成粗泡后加入 1/3的细砂糖，打成细腻泡沫时再加入 1/3的细砂糖，打至出现纹路时加入剩余的细砂糖，直到打成湿性发泡，7分发。

6 取1/3蛋白糊倒入奶酪蛋黄糊里，轻轻翻拌均匀。

7 将剩余的蛋白糊全部倒入奶酪蛋黄糊中，翻拌均匀。

8 将蛋糕糊倒入奶酪模具或 6寸模具中，八分满（我这里有一点过多了）。

9 将奶酪模放入烤盘中，烤盘里加两三厘米热水，水浴法160℃烤30分钟，上色后转145℃烤约35分钟即可。

10 出炉后，过一会，蛋糕会两边分离，然后脱模即可，冷却后食用，或冷藏后食用口感更佳。

灰灰小贴士

打发蛋清要到位。蛋清里含有大量泡泡，温度高时就会膨胀破裂，所以蛋清打发时一定不能过，7 分湿性发泡就行。

肉松面包卷

分量  ×4

准备好：

汤种材料：牛奶 85 毫升，高筋面粉 15 克

面包坯材料：高筋面粉 170 克，面粉 80 克，干酵母 4 克，盐 3 克，细砂糖 25 克，奶粉 20 克，全蛋液 52 克，牛奶 85 毫升，黄油 38 克

面包表面材料：葱花、肉松各 100 克，全蛋液、黑芝麻、沙拉酱各适量

这样做：

1 将 85毫升牛奶和 15克高筋面粉倒入锅中搅拌均匀，开小火，边煮边搅拌，直到形成糊状，然后放凉后盖上保鲜膜，放入冰箱冷藏半个小时。

2 先将汤种糊放入面包机，再将除黄油外所有面包坯的材料都放入面包机，启动和面程序。

3 第 1个和面程序结束后，放入软化的黄油，再次启动和面程序，和面程序结束后，面团揉出光滑的表面，盖上保鲜膜，将面团放在暖和的地方，发酵至面团 2.5 倍大。

4 取出发酵好的面团，用手按压排气松弛 15分钟。

5 用擀面杖擀成烤盘大小的长方形。

6 刷上全蛋液，撒上葱花和黑芝麻。放在温暖处进行第2次发酵，直到面包体积膨胀至 2倍大为止。再用叉子戳一些小洞，防止面团在烘烤时鼓起来。

7 烤箱预热 170℃，放在中层，烘烤 15分钟至表面金黄色，用手按压表皮能立刻回弹就说明烤好了。

8 将面饼背面用刀浅浅地割几道刀口，抹上沙拉酱。

9 放一会微温后把面饼卷起来定型，一会去掉烤纸。

10 用刀将面包切成 3或 4段。

11 面包两端抹上沙拉酱。

12 再将两端均匀地蘸上肉松即可。

灰灰小贴士

面包出炉后稍放凉，这时表皮不像刚出炉时那么干，会变得湿软一点，这时开始卷不容易开裂。

酸奶戚风

分量  ×8寸

模具：

8 寸中空圆模

尺寸：宽 21 厘米，高 11 厘米（不连烟囱）

准备好：

鸡蛋 5 个，莫斯利安酸奶 75 毫升，低筋面粉 105 克，细砂糖 60~70 克（根据个人口味调整），植物油 45 毫升，柠檬汁 4 滴

这样做：

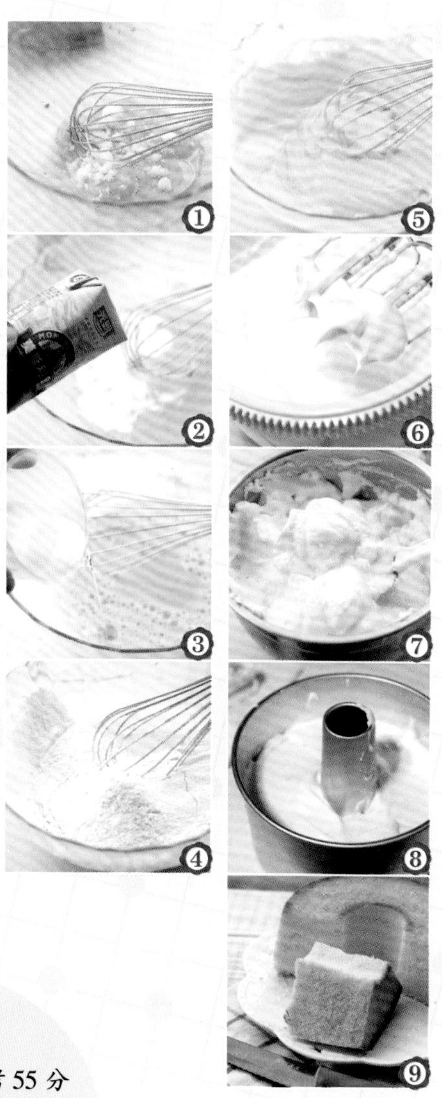

1 将蛋黄、蛋清分离，5个蛋黄加 20克细砂糖用手动打蛋器打散。

2 加入酸奶搅匀。

3 再加入植物油并搅拌均匀。

4 将面粉筛入蛋黄糊中。

5 搅拌至面粉无颗粒状。

6 将 5个蛋清加柠檬汁，用电动打蛋器将蛋清打发，搅打至粗泡时加入 1/3的细砂糖。搅打至细腻泡泡时再加 1/3的细砂糖，搅打至出现纹路时加入剩余细砂糖。最后打发至出现稍稍弯曲的尖立直角，成蛋白糊。

7 取 1/3打好的蛋白糊加入蛋黄糊中，用刮刀上下翻拌均匀。再把拌好的蛋黄糊倒回剩下的 2/3蛋白糊内，上下翻拌均匀。

8 最后把面糊倒入活底的蛋糕模具内。用力震两三下，防止有大气泡。

9 烤箱预热 170℃，上下管倒数第2层烤 40分钟左右，烤好后取出，马上倒扣，放凉后脱模。

灰灰小贴士

①如果用 8 寸圆模，温度用 150℃烤 55 分钟左右。

②脱模后的模具，用清水浸泡一会，再用清洁海绵洗净即可，千万不能用硬的清洁球来擦洗。

酸奶小蛋糕

分量 ×7

酸奶营养丰富，还含有乳酸菌，具有保健作用。加入酸奶的蛋糕会更细腻。

准备好：

黄油 80 克，糖 70 克，鸡蛋 2 个，酸奶 240 毫升，低筋面粉 230 克，无铝泡打粉 8 克，椰丝适量

这样做：

1 黄油室温下放置软化状态，用手动打蛋器打发至体积稍膨大，颜色变浅。

2 分3次加入糖打发均匀。

3 再分4次加入鸡蛋液打发均匀。

4 加入一半的酸奶拌匀。

5 筛入低筋面粉和泡打粉拌匀。

6 再加入剩下的酸奶。

7 拌匀至面糊有光泽状。

8 装入纸杯至八分满，表面撒少许椰丝，180℃烤20~25分钟即可。

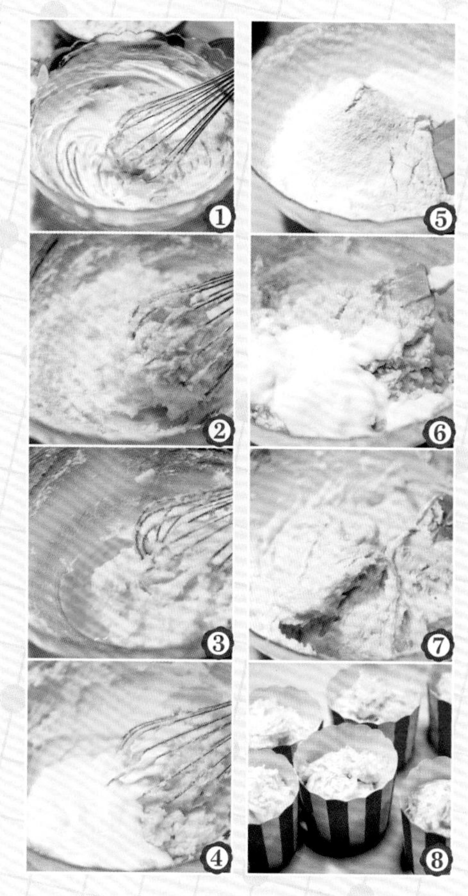

灰灰小贴士

①鸡蛋液要分次加入，每次要将蛋液完全搅拌均匀才能加入下一次蛋液，否则容易导致水油分离。

②蛋糕面糊稍拌匀就可以了，不要过度翻拌，稍有些干粉的状态就可以了，否则会影响蛋糕蓬松的口感。

香葱面包

分量  ×8

面包制作

准备好：

高筋面粉 300 克，低筋面粉 75 克，黄油、全蛋液各 35 克，糖 60 克，盐 3 克，酵母 4.5 克，水 180 毫升，牛奶 35 毫升

这样做：

1 将除黄油外的所有材料放入面包机桶内，启动和面第1个程序，15分钟后程序结束，加入软化黄油。

2 再启动和面程序，揉至完全阶段，基础发酵至2.5倍大。

3 取出发酵好的面团按压排气，分割成8等份，滚圆后盖上保鲜膜松弛15分钟。

4 取1个面团擀成椭圆形，从上往下卷起整成橄榄形。

5 依次做好所有的面包坯，排放在铺了油纸的烤盘里，放在温暖处2次发酵至2倍大。

6 用刀在面包坯表面划一道切口(划切口时面包会有点回缩变皱，很正常，不需要在意)。

7 在刀口处放上香葱馅。

8 烤箱提前预热 180℃，中层烤 25分钟左右，至面包金黄色用手按压凹印能立刻回缩即可。

香葱馅

准备好：

黄油 35 克，全蛋液 20 克，葱花、盐各适量

这样做：

1 黄油软化后搅打至发白，体积稍膨大。

2 分 3次加入全蛋液搅打均匀，每一次要等蛋液完全搅打均匀后才能加入下一次，加入蛋液拌匀。

3 葱洗净沥干水分，切碎加入黄油中拌匀，舀在面包切口上即可。

香葱芝士肉松面包

分量  ×8

面粉的吸水率不同，材料中的水不要一次都加进去，最好留些做最后调整。

准备好：

面包材料：高筋面粉 300 克，低筋面粉、全蛋液各 35 克，细砂糖 60 克，盐、即发干酵母各 4 克，奶粉 14 克，水 175 毫升，无盐黄油 40 克

表面装饰：全蛋液少许，片状芝士 2 片（切条），色拉酱、葱花适量

内馅：肉松适量

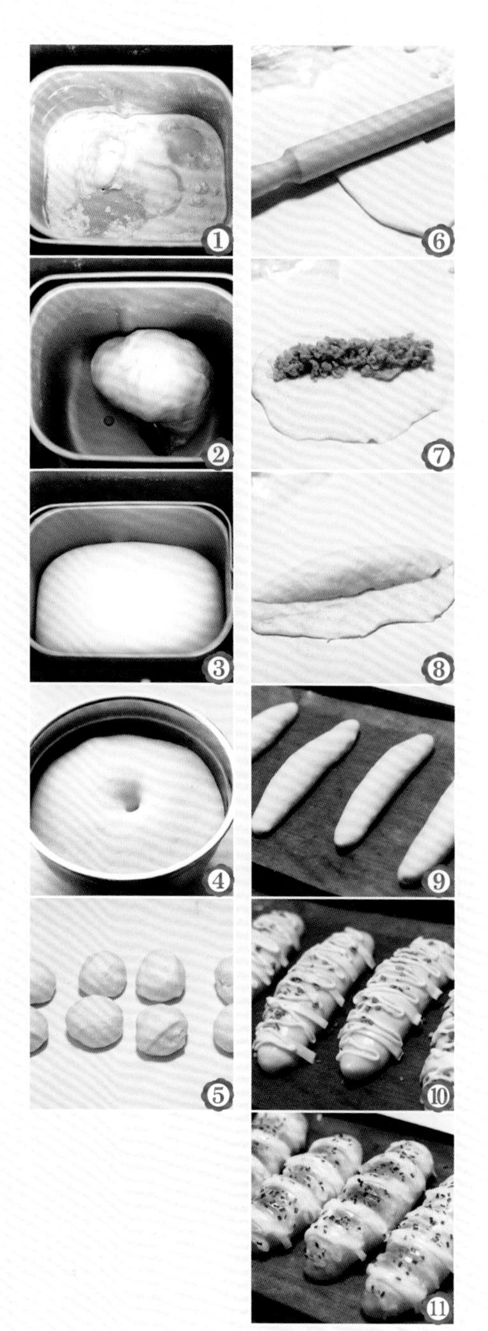

这样做：

1 将除黄油外的面包材料放入面包机桶内，启动和面功能。

2 第1次和面结束，面团揉至较光滑状，加入软化的黄油，再次开启和面功能，继续15分钟的揉面。

3 第2个程序结束后，面团已揉至扩展阶段，收圆放在面包桶中。

4 开启发酵功能，蒙上保鲜膜，盖上面包机的盖子。发酵结束，面团发至 2倍大（如果是夏天，室温下发酵即可，冬天大约需要发酵2小时）。

5 取出面团排气后，将面团分割成均匀的8个，滚圆后盖保鲜膜松弛15分钟。

6 取1个面团按扁后擀成椭圆形。

7 翻面后将底边压薄，铺上肉松。

8 自上而下地卷起，捏紧收口处，稍微将面坯搓长。

9 依次做好所有的面团，放在烤盘中，放在温暖处进行2次发酵。

10 发酵结束，表面先刷一层全蛋液，挤上色拉酱，铺上切好的芝士条，再撒上葱花。

11 放入预热好的烤箱中层，180℃烤 18分钟左右至表面金黄即可。

灰灰小贴士

面包烤上色后可以盖一层锡纸，防止上色过重，直至烘烤结束。

杏仁牛奶排包

分量 ×8

杏仁可以用芝麻、核桃仁、花生等代替，也可以撒些水果丁。

准备好：

面团材料：高筋面粉 250 克，炼乳 15 克，细砂糖、鸡蛋各 30 克，牛奶 120 毫升，即发干酵母 3 克，盐 2 克，奶粉 10 克，黄油 20 克

表面装饰：全蛋液、杏仁片各适量

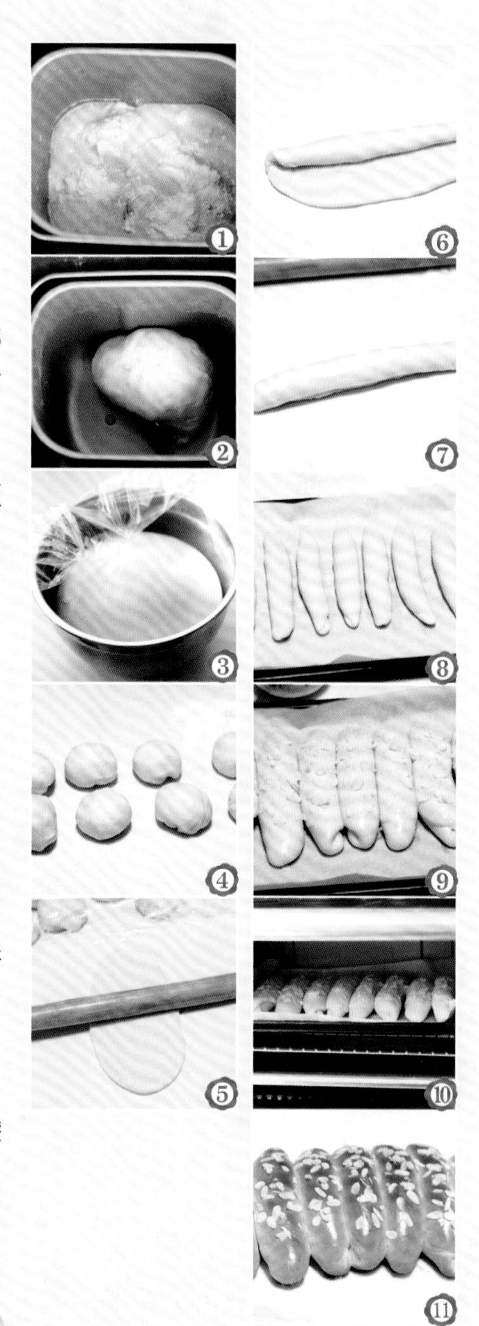

这样做：

1 除黄油以外的面团材料放入面包机桶内。

2 启动和面程序，第1个和面程序（不同的机型分别为15或20分钟）结束后，加入软化的黄油，再次启动和面程序，揉至面团光滑有薄膜的扩展阶段。

3 将揉好的面团放容器内，盖保鲜膜放在温暖处发酵至2~2.5倍大。

4 取出发酵好的面团，按压排气后分割成8等份，滚圆后，盖上保鲜膜松弛15分钟。

5 将松弛好的面团擀成长舌状。

6 翻面后卷起。

7 捏紧收口处，搓成条状。

8 依次处理好所有的面包坯，排入烤盘内。

9 放温暖处 2次发酵至 2倍大，表面刷上全蛋液，撒上杏仁片。

10 放入预热好的烤箱，中层。

11 170℃上下火中层，烤 20分钟，烤好后取出晾凉装袋保存。

灰灰小贴士

没有杏仁片可以不加，或者用芝麻、花生碎、杏仁碎、椰蓉代替，随自己喜欢。

芝麻苏打饼干

分量 ×30

准备好：

低筋面粉150克，无盐黄油30克，牛奶90毫升，黑芝麻30克，干酵母4克，盐2克，苏打粉1克

这样做：

1 将牛奶与干酵母混合均匀，倒入低筋面粉中，再加入盐、苏打粉混合。

2 揉成1个完整的面团。再将在室温下软化的黄油加入面团中不断地揉，直至面团变得光洁而细腻。

3 将揉好的面团用擀面杖擀成薄厚均匀的面片(约0.5厘米厚)。

4 然后用饼干模具将面片刻成饼干形状。

5 摆在铺了油纸的烤盘中。

6 烤箱预热后，将烤盘移入烤箱，以170℃火力烘烤15分钟至表面微黄色即可。

灰灰小贴士

饼干面皮要尽量擀薄一些才会更香脆。

可可螺旋面包

分量  ×6

没有可可粉的话可以在做卡仕达馅时加点巧克力，味道也是不错的。

准备好：

面团材料：高筋面粉 100 克，低筋面粉 50 克，牛奶 80 克，细砂糖、全蛋液各 20 克，无盐黄油 10 克，盐 1 克，即发干酵母 2 克

可可卡仕达酱材料：牛奶 150克，细砂糖 40克，蛋黄 1个，低筋面粉 15克、玉米淀粉、黄油各 10克，无糖可可粉 2 小匙

这样做：

1 将所有的可可卡仕达酱材料混合放入小锅里，搅拌均匀。

2 开小火边煮边搅至浓稠状，盛出放凉，盖上保鲜膜备用。

3 将除黄油外的所有面团材料放入面包机内。

4 揉面 15~20分钟后加入软化的黄油，再次揉面 15~20 分钟，和面结束。

5 盖上保鲜膜或湿布，放在温暖处发酵至 2.5倍大（根据温度不同，发酵时间也会不同，中途多观察，天冷的话可以用面包机发酵）。

6 取出发酵好的面团，排气后分成 6等份，滚圆后盖上保鲜膜松弛 10分钟。

7 将面团整形成长约 45厘米的长条，一端贴近螺管模具的尖头处，一圈圈绕完长条即可（先擀成圆片，然后卷起，松弛10分钟搓成长条。偷懒的话就直接搓成长条。要充分松弛到位才容易拉伸、搓成长条）。

8 排放在烤盘里。

9 进行 2次发酵，发约 1.5倍大。

10 烤箱 180℃预热，放在中层烤约 15分钟至表面金黄色即可。可可卡仕达酱装入裱花袋中，最后挤在面包里即可。

芒果奶油蛋糕

南瓜月饼

炼乳蛋糕

无花果挞

奶酪水果挞

苹果派

巧克力蛋糕

提拉米苏

小山布丁

舒芙蕾

第五章

解馋的佐餐甜品

芙纽多

蜜桃芝士慕斯蛋糕

白巧克力乳酪蛋糕

巧克力慕斯

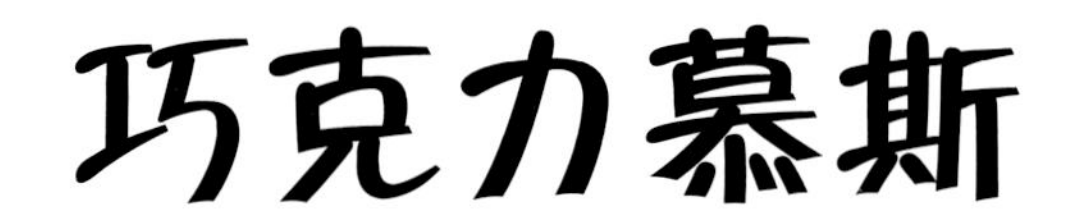

最初设想的蛋糕不是这样的，表面装饰应该有马卡龙，有巧克力屑，或者有打发好的奶油，亦或是淋下来的巧克力……结果做着，做着，就这样素面朝天的样子了。我的蛋糕永远都像我一样简单啊！虽然造型和我想的不太一样，但是味道和计划里的是一样哒！

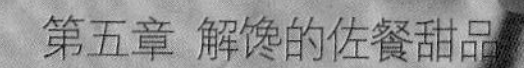

巧克力慕斯给人以美的享受，是一场味觉和视觉的双重盛宴。

可可戚风

准备好：

可可粉15克，低筋面粉、细砂糖各70克，鸡蛋5个，植物油、牛奶各50毫升，柠檬汁3滴

这样做：

1 将蛋清与蛋黄分开放在2个大盆里。蛋黄里加10克糖拌匀。

2 蛋黄中继续加入牛奶拌匀，再加植物油搅拌均匀，制成蛋黄糊。

3 可可粉与低筋面粉混合筛入蛋黄糊中。

4 搅拌至无颗粒状。

5 蛋清加柠檬汁，分3次加入剩余的60克细砂糖打至干性发泡。

6 将1/3打发好的蛋白倒入可可蛋黄糊中，用橡皮刮刀翻拌均匀（为了避免消泡，不能用画圈的方式搅拌）。

7 将拌好的可可蛋糕糊倒入剩余的2/3蛋白中，翻拌均匀。

8 蛋糕糊倒入8寸活底模具中，用力震几下消除大气泡。

9 烤箱150℃预热，烤55分钟左右，取出后，倒扣放凉后脱模，用刀横切成2片备用。

灰灰小贴士

①若用6寸活底圆模的话，慕斯液材料如下：

牛奶、酸奶各100毫升，奶油奶酪75克，黑巧克力、糖各30克，吉利丁片1.5片，淡奶油125克。

②用57%的黑巧克力来制作口感最佳哦。

巧克力慕斯

准备好：

牛奶、酸奶各 130 毫升，奶油奶酪 100 克，黑巧克力、细砂糖各 40 克，吉利丁片 2 片，淡奶油 165 克，可可戚风底 1 片

表面装饰：黑巧克力 30 克

这样做：

1 奶油奶酪放入大碗中，隔温水搅打至顺滑状态。

2 加入酸奶，继续搅打顺滑。

3 巧克力和牛奶放入碗中，隔温水加热至巧克力融化成巧克力牛奶液。

4 将巧克力牛奶液倒入奶酪酸奶液中搅拌均匀。

5 吉利丁片用清水泡软，捞出沥干水分放入碗中，再加10毫升牛奶隔热水加热至融化，倒入巧克力奶酪液中拌匀。

6 淡奶油加细砂糖打至六分发(略出现纹路状)。

7 将打好的奶油倒入巧克力奶酪液中。

8 拌匀就成了巧克力慕斯液。

9 可可戚风底放入8寸圆模中，上面倒入慕斯液。

10 放入冰箱冷藏4小时以上，急的话可以冷冻1小时。

11 黑巧克力放入裱花袋中，连裱花袋一起放入温水中，浸至巧克力融化成液体，在蛋糕上挤上花纹。

12 挤上喜欢的花纹或写上字就完成了。

白巧克力乳酪蛋糕

分量  ×1

可以加少许柠檬汁提升风味，冷藏后食用味道更佳，记得冷藏哦！

模具：

6 寸心形模具

准备好：

蛋糕底材料：无盐黄油 40 克，高纤维消化饼干 80 克

蛋糕体材料：白巧克力 100 克，奶油奶酪 150 克，细砂糖 40 克，淡奶油 50 克，蛋黄、蛋清各 30 克

装饰材料：白巧克力适量

这样做：

1 饼干放入塑料袋内，用擀面杖压成饼干屑。

2 加入融化的黄油拌匀。

3 将饼干屑放入蛋糕模具中压平、压实后放入冰箱冷藏备用（活底蛋糕模底部事先包上锡纸或油纸）。

4 白巧克力放入碗中隔热水加热，融化后备用。

5 奶油奶酪室温软化，加细砂糖用隔水加热的方式搅至光滑无颗粒。

6 离开热水，稍降温后加入淡奶油搅拌均匀。

7 再加入蛋液搅匀。

8 再加入融化的白巧克力，拌成均匀的奶酪糊。

9 将奶酪糊倒入模具中。

10 烤箱预热到 170℃，上下火，烤 50分钟左右烤至表面金黄色蛋糕糊完全凝固。

11 最后将刨成碎屑的白巧克力用汤勺均匀地撒在完全冷却的蛋糕体上即可。

芙纽多

芙纽多在烤的时候就满屋飘香，可把女儿急坏了，要知道这可是她参与制作的，小馋猫能不急嘛。

芙纽多在烤的时候就满屋飘香，非常诱人，学会这款甜品做给家人品尝吧。

准备好：

动物性淡奶油 280 克，牛奶 220 毫升，朗姆酒 50 毫升，鸡蛋 2 个，细砂糖、蔓越莓干、低筋面粉各 50 克，盐 1 克，黄油 20 克

准备工作：蔓越莓干用朗姆酒浸泡 1 夜

这样做：

1 鸡蛋加细砂糖，搅打至起泡的状态。

2 筛入低筋面粉和盐。

3 搅拌均匀。

4 缓缓加入牛奶和淡奶油的混合物，搅拌均匀。

5 模具内部涂抹较大量的软化黄油(约8克)。

6 再放入沥干多余朗姆酒的蔓越莓，铺均匀。

7 倒入步骤 4中拌好的面糊。剩余的 12克黄油放入小锅中加热成棕黄色(焦化黄油)，过滤去多余杂质之后均匀地浇在面糊上。

8 烤箱预热，中层，以 180~190℃烤 50~60分钟，至表面出现图片中的颜色即可。

灰灰小贴士

①芙纽多烤的时候会膨胀，出炉后略有回缩是正常的。

②关于烘烤的容器，用固底的模具都可以，瓷的烤盘或铝的模具都行。

炼乳蛋糕

这款炼乳蛋糕可以算是磅蛋糕 Pound Cake（重油蛋糕）了，主要原料是鸡蛋、糖、面粉和黄油。重油蛋糕面糊浓稠、膨松，特点是油香浓郁、口感深香有回味，结构相对紧密，有一定的弹性。称为磅蛋糕是因为油的用量和面粉是一样的。因为磅蛋糕基本只有 4 样等量的材料，1 磅糖、1 磅面粉、1 磅鸡蛋、1 磅黄油。而我这款蛋糕，黄油和面粉、鸡蛋的比例都是一样的，唯独糖全用炼乳来代替了。

这款炼乳蛋糕金黄诱人，是家中不可缺少的一道甜品，赶快自己动手制作吧。

准备好：

无盐黄油、低筋面粉各 100 克，炼乳 225 克，鸡蛋 2 个，无铝泡打粉 2/3 小匙，香草精 2 滴

这样做：

1 黄油室温下放置软化状态，用手动打蛋器搅打顺滑。

2 加入炼乳搅拌均匀，再加入鸡蛋搅打均匀。

3 筛入低筋面粉和泡打粉。

4 用橡皮刮刀翻拌均匀。

5 装入模具内（模具不限，玛芬纸杯或者蛋挞模、水果条模具、磅蛋糕等小一些的模具都可以）。

6 烤箱 170℃预热，烤 40~50分钟左右（具体烘烤时间还要根据自家烤箱和模具大小来调整）。

灰灰小贴士

①没有香草精可以加香草荚里的子，都没有的话也可以省略不加。

②根据家里的食材，还可以加入一些坚果、果脯，比如核桃、杏仁、蔓越莓、葡萄干等，可随意发挥。

芒果奶油蛋糕

分量  ×1

学会制作这款蛋糕，当作给家人和朋友的生日礼物，自己动手做蛋糕很有心意。

准备好：

6寸戚风蛋糕坯，淡奶油400克，细砂糖40克，芒果、杏仁片各适量

6寸戚风蛋糕坯所需材料：鸡蛋3个，低筋面粉60克，植物油、牛奶各40毫升，糖50克，白醋或柠檬汁3滴（没有可不加，加白醋或是柠檬汁可以增加蛋白稳定性，使打发更快一点）

这样做：

1 将杏仁片用烤箱160℃烤至金黄色，芒果去皮去核后切成小丁备用。

2 将淡奶油倒入冷藏后的容器中，容器下面隔冰水（隔冰水就是下面再罩一个盆，里面放上冰块和水，保持低温有助于打发淡奶油，打发奶油的容器最好也能事先放入冰箱里冷藏）。

3 打发至如图状态，出现纹路，并且奶油不再流动。

4 将蛋糕坯横切分成两三份，横切面上抹上奶油。

5 再铺上芒果丁。

6 盖上另1片蛋糕。

7 在蛋糕外围均匀地抹上奶油。

8 撒上烤香的杏仁片，将奶油装入裱花袋中，用菊花齿裱花嘴挤上花型。

9 中间再装饰上芒果丁即可。

灰灰小贴士

打发淡奶油的时候一定要将奶油充分冷藏24小时，并且隔冰水（准备2个盆：大盆放冰块水，小盆装淡奶油，再将小盆放在有冰水的大盆里）打发，夏天的时候温度高，动物性淡奶油容易融化，要在温度低的空调房里制作。

蜜桃芝士慕斯蛋糕

分量 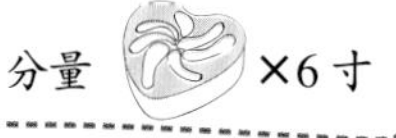 ×6寸

模具：

6 寸圆模

准备好：

饼干底材料：无糖消化饼干 60 克，无盐黄油 30 克

芝士慕斯馅材料：奶油奶酪 200 克，细砂糖 60 克，柠檬皮屑 1 小匙，柠檬汁 15 毫升，吉利丁片 1 片 (5 克)，冷水 40 毫升，动物性淡奶油 200 克，蜜桃罐头适量

表面装饰材料：橙味 QQ 糖 38 克，橙汁 40 毫升

这样做：

1 消化饼干放入保鲜袋，用擀面杖擀成碎末，黄油隔水融化成液体，倒入饼干碎中搅拌均匀。

2 将拌匀的饼干碎放入蛋糕模具内，压实，放入冰箱冷藏半小时。

3 挤出柠檬汁备用，再将柠檬皮擦成屑。

4 奶油奶酪隔热水软化后加入细砂糖，加入柠檬汁和柠檬皮屑搅打均匀。

5 淡奶油打发至出现纹路。

6 将吉利丁片放入冷水中泡软，然后把碗放入热水中加热至吉利丁片融化，连水一起倒入奶酪糊中搅拌均匀。

7 将一半的奶油加入奶酪糊中，上下翻拌拌匀，再加入剩余的奶油继续翻拌，做成慕斯馅。

8 将做好的馅倒在饼底上，放入冰箱再次冷藏4小时，至完全凝固，铺上蜜桃。

9 将 QQ糖与橙汁混合，隔热水加热至融化。

10 倒在蛋糕表面，继续冷藏1小时即可。

灰灰小贴士

①水果可以换成任何自己喜欢的水果哦。

②柠檬皮屑和柠檬汁一定不要少，它们所带来的柠檬香气会让这个蛋糕的口感更迷人。

奶酪水果挞

分量 ×6

我家小女生每天下午一放学回家就到处找吃的，幸亏我提前做好了这个奶酪水果挞，酥松的挞皮和奶香四溢的馅料深得小姑娘的喜爱，人家看着眼前的小点心感叹地说了一句：幸亏妈妈生的是我，不然我就看不到这一切了。

准备好:

挞皮材料:黄油 50 克,糖粉 20 克,低筋面粉 100 克,蛋黄 1 个(蛋清不要),盐 1 克,水 3 毫升

馅心材料:莫斯利安酸奶 40 毫升,奶油奶酪 100 克,糖粉 20 克,柠檬汁 1 小匙,水果适量

这样做:

1 把低筋面粉、糖粉、盐筛入大碗。

2 放入在室温下软化的黄油。

3 用手搓捏混合成酥松的菠萝屑时,放入蛋黄和水稍微搅拌。

4 揉捏成面团。

5 分成6份面团,放入模具中,压扁捏成小碗状。

6 奶油奶酪放入大碗中,隔热水搅拌至顺滑,加入糖粉、柠檬汁、酸奶。

7 搅拌成奶酪糊。

8 将奶酪糊装入裱花袋中,在做好的挞皮里挤上奶酪糊。

9 放入预热好的烤箱中层,180℃烤25~30分钟。

10 取出放凉,装饰上喜欢的水果就可以了。

灰灰小贴士

①也可以用蛋挞模具来制作这个小点心。

②如果不嫌麻烦的话,可以把做好的挞皮冷藏 30 分钟,然后撒点高筋面粉,擀成面皮,再用喜欢的模具刻出形状放入模具中,烤出来更好看。

去年中秋的时候，做了一大盒月饼给爸爸妈妈，那时怎么也没想过有一天自己也会做月饼。今年继续，亲手做的月饼绝对心意满满哦。还有点上瘾了，因为要送给朋友和亲人吃呢，一定要多多练手才行。

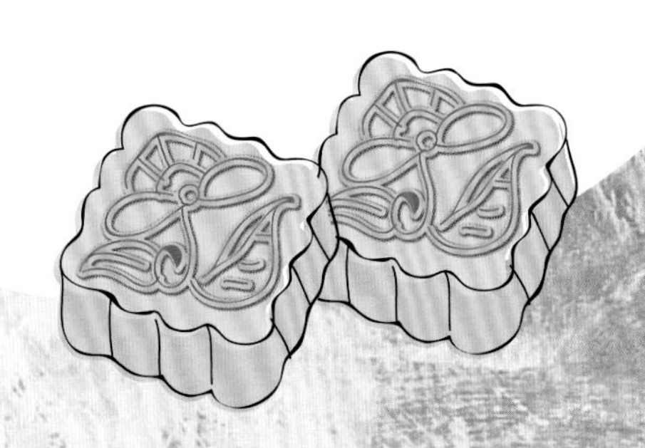

学会自制月饼，喜欢吃
月饼的朋友就可以天天
过中秋了。

月饼皮

模具：

8头模具

准备好：

转化糖浆170毫升，枧水4毫升（碱：水=1:4），色拉油60毫升，低筋面粉260克

这样做：

1 转化糖浆中加入枧水搅拌均匀。

2 再加入色拉油搅拌均匀。

3 面粉过筛后加入糖浆中，用橡皮刮刀翻拌均匀。

4 用手揉成光滑的面团，用保鲜膜包好，放入冰箱中松弛1小时即可。

南瓜月饼馅

准备好：

南瓜1000克（约640克南瓜馅），糖40克（根据南瓜甜度调整），澄粉约50克，色拉油适量

这样做：

1 南瓜去皮后切块放入微波炉，中高火10分钟蒸熟（或用蒸锅蒸熟）。

2 装入搅拌机内，搅打成南瓜泥，倒入炒锅中小火翻炒。

3 根据个人口味加入适量糖翻炒，再加入色拉油翻炒至油被吸收。

4 筛入澄粉继续翻炒，直到成为一个有黏性的干南瓜团就差不多了。

南瓜月饼

准备好：

做好的月饼皮，南瓜月饼馅，蛋黄 20 克，蛋清 10 克

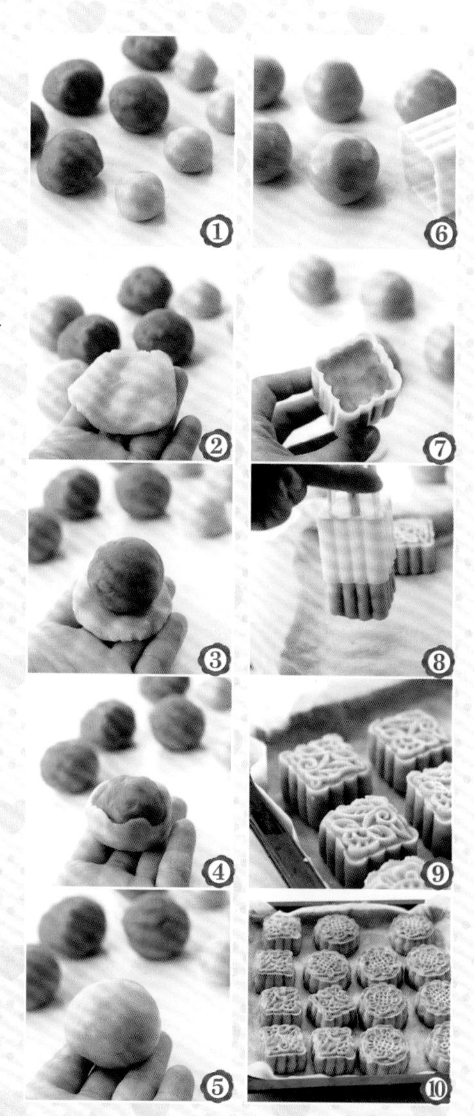

这样做：

1 以 50克 10头月饼模具为算，将面皮分成 15克，馅料分成35克的小球。

2 手掌放1份饼皮，压平。

3 上面放1份月饼馅。

4 手掌轻推月饼皮，使月饼皮慢慢展开。

5 直到把月饼馅全部包住为止。

6 月饼模型中撒入少许干面粉，摇匀，把多余的面粉倒出，包好的月饼表皮也轻轻的抹一层干面粉。

7 把月饼球放入模型中压平。

8 然后上下左右都敲一下，就可以轻松脱模了。

9 烤盘上铺烘焙油纸，放上做好的月饼。

10 烤箱 200℃预热，中层烘烤约 6分钟，到表面稍稍上色出炉。冷却 5分钟后刷上蛋液（蛋液用蛋黄和蛋清调制）。再次烘烤，大概 10分钟，表面金黄色即可出炉。

灰灰小贴士

①烤好的月饼取出，冷却后放入密封容器 12 小时以上，使其回油。回油后的月饼皮软软的，才是口感最佳的。

②记住自制月饼的馅料一定要干！

苹果派

分量 ×4

苹果可以换成其他水果，喜欢吃什么水果就做成什么口味的派。

准备好:

派皮材料：黄油 60 克，低筋面粉 130 克，蛋黄 1 个，水 30 毫升，盐少许

派馅材料：苹果丁 150 克，红糖 30 克，柠檬汁 5 毫升，肉桂粉 1 小匙，黄油 10 克

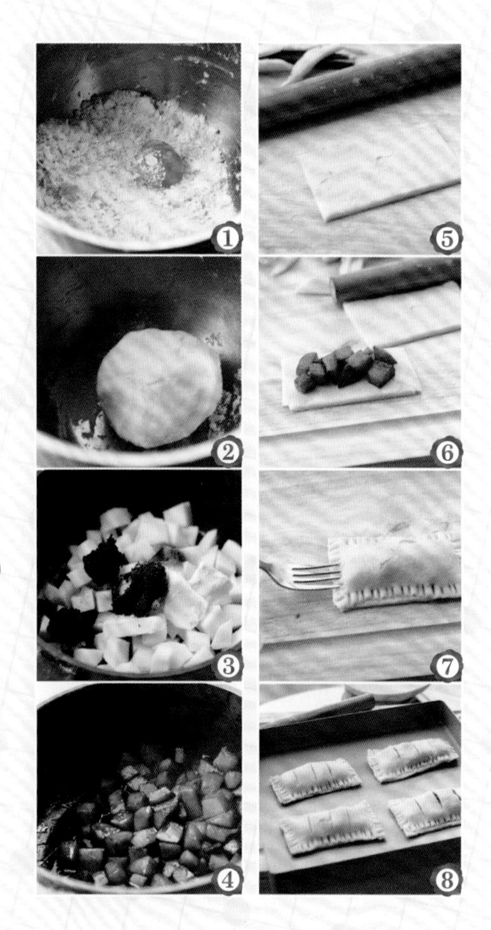

这样做:

1 将黄油丁和面粉混合，搓成碎屑。

2 加入蛋黄、水、少许盐揉成面团，包上保鲜膜松弛 30 分钟。

3 将所有派馅材料混合放入锅中。

4 小火熬煮至苹果变软，放凉备用。

5 将派皮面团擀成薄片，切割成8份长方形。

6 取1块皮放上馅料。

7 盖上另1片派皮，在表面划3刀，再用叉子将边缘压紧。

8 烤箱 180℃预热，中层烤约20分钟。

灰灰小贴士

①边缘一定要压紧，不然烤的时候容易开口。

②表面可以再刷一层蛋液，上色会更好看。

巧克力蛋糕

分量 ×4寸

不要用代可可脂，对身体不健康，味道也不够浓郁香醇。

模具：

4 寸中空菊花蛋糕模具，也可以用 6 寸蛋糕模具

准备好：

蛋黄 40 克（2 个），细砂糖、苦巧克力各 80 克（可可脂 65%）、无盐黄油 70 克，无糖可可粉 20 克，牛奶 10 毫升，蛋清 60 克（2 个），面粉 40 克（低筋、高筋、普通面粉都可以），小苏打粉 2 克

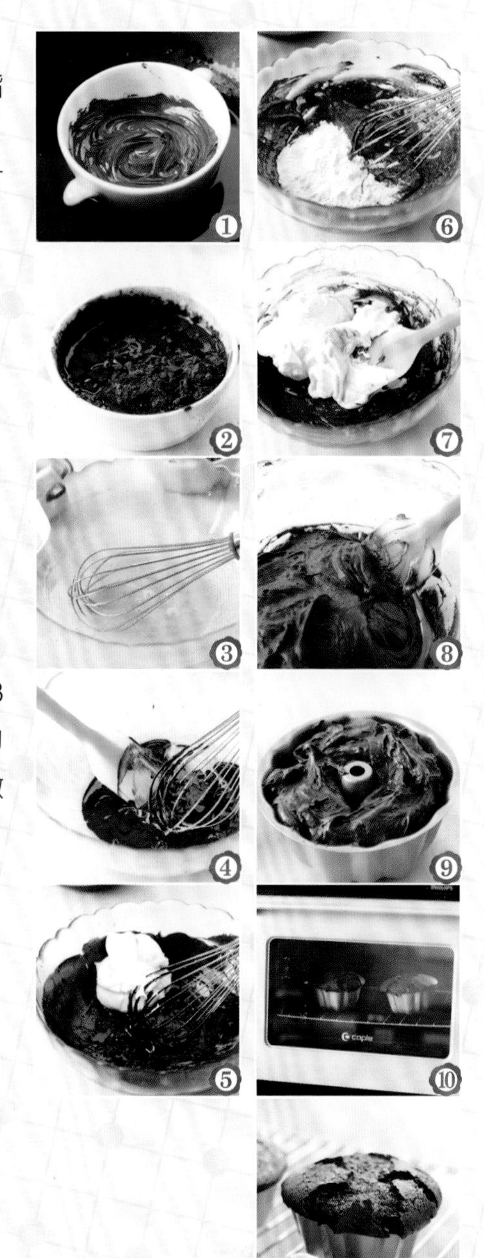

这样做：

1 巧克力放在碗中，放在温热水里搅拌至融化。

2 趁热加入融化的黄油液体拌匀，再加入无糖可可粉、牛奶拌匀成巧克力糊。

3 2个蛋黄加入30克细砂糖搅拌均匀。

4 再加入步骤2中的巧克力糊一起搅拌均匀。

5 2个蛋清分3次加入 50克细砂糖打发至 7分发，取 1/3 蛋白，加入巧克力蛋黄糊中，用手动打蛋器搅打均匀（这里蛋清 7分发的状态时蛋白糊细腻有光泽，有微微流动的感觉，有弯曲尖角）。

6 再加入面粉、小苏打粉搅拌至无颗粒状。

7 将剩余的2/3打发好的蛋白加入巧克力糊中。

8 用橡皮刮刀轻轻翻拌成蛋糕糊。

9 模具内壁抹少许软化黄油，倒入蛋糕糊约七分满。

10 烤盘里放半碗热水，放入蛋糕模具。

11 烤箱170℃预热，上下火中下层，隔水蒸烤约40分钟，放凉后食用（用6寸圆形戚风模具约 50分钟）。

舒芙蕾

分量 ×4

冷藏过夜才是舒芙蕾的最佳赏味期哦！

准备好：

奶油奶酪300克，黄油45克，蛋黄57克，细砂糖20克，玉米淀粉11克，牛奶150克，蛋清95克，细砂糖55克

这样做：

1 将奶油奶酪切小块放在盆中，再将盆放在热水锅里，软化后打发至顺滑的状态。

2 再倒入融化的黄油，再次搅打至融合顺滑的状态。

3 蛋黄液加入细砂糖搅拌均匀，接着加入玉米淀粉拌匀。

4 将煮沸的牛奶倒入蛋黄液中迅速拌匀。

5 把搅拌好的蛋黄糊放在小锅里边加热边搅拌，直到成糊状。

6 将拌好的蛋黄糊趁热加入到奶酪中，奶酪糊与蛋黄糊充分搅拌至均匀顺滑状态，盖上湿布盖备用。

7 蛋清放入冰箱冷冻，冻到表面开始冻住的状态时，从冰箱拿出来（这样可以抑制过分打发蛋白，并使蛋白细腻而支撑力强）。接着分3次加入55克细砂糖，打到提起打蛋器的搅拌棒时，蛋白成细腻柔软的三角尖（注意一定不要过分打发，如果成挺立的三角尖，就说明打发过了）。

8 取1/3打发好的蛋白加入奶酪糊中。

9 翻拌均匀后再加入剩下的蛋白，充分翻拌均匀。

10 将6寸活底圆模底部包好锡纸，将蛋糕糊倒入模具中，烤盘里倒入1~1.5厘米的热水，放上模具。

11 烤箱预热，放在中下层180℃烤15分钟，然后调至160℃烤25分钟，上色均匀后关火，焖40~60分钟。盖上保鲜膜放冰箱冷藏一晚，第2天脱模食用。

提拉米苏

4 杯量

Tiramisu 在意大利原文里，“Tira” 是“提、拉” 的意思，“Mi” 是“我”，“Su” 是“往上”，合起来就是“拉我起来”的意思；也有另一种解释是“带我走”和“记住我”，当然带走的不只是美味，还有爱和幸福。

关于提拉米苏的故事，有 4 个版本，其中最广泛流传的就是：一个意大利士兵即将开赴战场，可是家里已经什么也没有了，爱他的妻子为了给他准备干粮，把家里所有能吃的饼干、面包全做进了一个糕点里，那个糕点就叫提拉米苏。每当这个士兵在战场上吃到提拉米苏就会想起他的家，想起家中心爱的人。

杯状提拉米苏直接用勺子挖食，就不需凝固了。

准备好：

蛋黄糊（蛋黄 2 个，糖粉 30 克），奶酪糊（马斯卡彭奶酪 250 克），淡奶油 250 克，糖粉 50 克，手指饼干、朗姆酒、纯咖啡、装饰用（纯可可粉 + 防潮糖霜）各适量

这样做：

1 蛋黄加糖粉隔温水加热，打至蛋液颜色变浅，黏稠浓滑状后备用。

2 马斯卡彭奶酪隔温水搅拌成无颗粒状奶酪糊备用。

3 将蛋黄糊倒入马斯卡彭奶酪糊中，搅拌均匀待用。

4 淡奶油倒入无油无水的盆中。

5 隔冰水加入糖粉打发，至微微流动状态即可。

6 将打发好的奶油倒入蛋黄奶酪糊中，混合均匀后备用。

7 取一小杯，冲泡上纯咖啡，倒入适量朗姆酒调匀。

8 手指饼干用咖啡酒快速浸泡一下，注意饼干不要完全泡透。

9 将泡好的手指饼干打底。

10 加上一半混合好的奶酪糊。

11 再铺上中层的手指饼干，再倒入奶酪糊抹平杯口撒上可可粉装饰完成制作。

无花果挞

分量  ×1

不喜欢无花果，可以用别的水果来代替，选应季水果便宜又新鲜。

准备好：

挞皮材料：低筋面粉 125 克，黄油 60 克，盐 1 克，蛋黄 10 克，水 30 毫升

馅料材料：杏仁粉、奶粉、黄油、全蛋液各 20 克，糖粉 15 克，无花果 5 个

这样做：

1 黄油无需软化，切成小丁后与低筋面粉、盐混合在一起。

2 用手将黄油和面粉捏搓成碎末状。

3 蛋黄加水混合均匀，倒入黄油粉中。

4 揉成面团，包好冷藏 30分钟。挞皮冷藏的时候我们接着制作馅料。

5 将软化黄油加糖粉搅打均匀。

6 分3次加入全蛋液，搅打均匀后再加入剩余的蛋液，直到蛋液完全被吸收打匀。

7 加入杏仁粉和奶粉，搅拌均匀，制成杏仁馅料。

8 取出冷藏好的挞皮面团，擀成圆形，铺在挞模上，用叉子在饼皮底部戳一些小洞，防止烘烤时膨胀。

9 再铺上锡纸，压上重物（我压的是红豆），烤箱 175℃预热，上下火，中层烘烤 15分钟后取出。

10 取出锡纸和压在饼皮上的重物，再烘烤 15分钟。

11 涂抹上杏仁馅料，铺上无花果。

12 170℃烘烤 20分钟至表面泛金黄色即可。

小山布丁

分量 ×7

烘焙笔记里经典的方子，
小朋友们抗拒不了的浓郁
奶香滋味。

准备好：

布丁液材料：牛奶 400 毫升，香草豆荚 1/4 根，淡奶油 140 克，蛋黄 48 克，全蛋液 24 克，白砂糖 40 克

焦糖液材料：白砂糖 80 克，冷水 20 毫升，热水 1 大匙（约 15 毫升）

这样做：

1 将焦糖液材料里的白砂糖和冷水放入锅中，小火加热。

2 边加热边搅拌，直到煮成棕红色出现焦糖味。

3 加入1大匙热水，焦糖液就做好了。

4 将煮好的焦糖液倒入布丁瓶中，能覆盖住瓶底就行。

5 48克蛋黄再加 24克全蛋液混合，加入白砂糖搅拌均匀。

6 锅中倒入牛奶，将香草豆荚刮出香草子后跟豆荚一起放入牛奶里煮到沸腾前关火，盖上锅盖焖 5分钟。再将淡奶油倒入煮好的牛奶中，搅拌均匀煮到 80℃左右关火。

7 将煮好的奶液缓缓地倒入蛋黄液中，边倒边搅拌。

8 搅拌均匀后用滤网过滤2遍，让布丁液更加细腻。

9 将布丁液倒入布丁瓶中，用厨房纸巾吸去布丁液表面的气泡。烤盘里倒2厘米高的热水，放入布丁瓶。

10 烤箱 150℃预热，中下层，蒸烤 60分钟，冷藏后口感更佳。

灰灰小贴士

①熬焦糖时一定要注意看好糖焦化的颜色，太深的话焦糖发苦不好吃，颜色太浅焦糖味不足，一定要注意火候。

②烤好的布丁应该是微微颤动、很嫩的样子，如果布丁中出现了太多的气孔或者太硬的话，根据自己的烤箱适当缩短时间。

图书在版编目 (CIP) 数据

Hello! 烤箱 / 薄灰著 . -- 南京：江苏凤凰科学技术出版社，2015.10（2020.3 重印）
（汉竹 • 健康爱家系列）
ISBN 978-7-5537-5159-7

Ⅰ . ① H… Ⅱ . ①薄… Ⅲ . ①电烤箱－菜谱 Ⅳ . ① TS972.129.2

中国版本图书馆 CIP 数据核字 (2015) 第 178486 号

中国健康生活图书实力品牌

Hello! 烤箱

著　　者	薄　灰
主　　编	汉　竹
责任编辑	刘玉锋　张晓凤
特邀编辑	刘　美　侯魏魏　孙　静
责任校对	郝慧华
责任监制	曹叶平　方　晨
出版发行	江苏凤凰科学技术出版社
出版社地址	南京市湖南路 1 号 A 楼，邮编：210009
出版社网址	http://www.pspress.cn
印　　刷	合肥精艺印刷有限公司
开　　本	787 mm×1 092 mm　1/16
印　　张	12
字　　数	200 000
版　　次	2015 年 10 月第 1 版
印　　次	2020 年 3 月第 16 次印刷
标准书号	ISBN 978-7-5537-5159-7
定　　价	39.80 元